Newton

超効率 30分間の教養講座

図だけでわかる！

宇宙の終わり

目次

プロローグ

20世紀はじめまで，
「宇宙は不変」と考えられていた …… 4

有力な宇宙の終わり
「三つのシナリオ」 …… 6

1章 イラストでかけ抜ける宇宙のはじまり

現在の宇宙は
加速膨張している …… 8

宇宙は何もない
"無"から生まれた …… 10

インフレーションによって
宇宙は急膨張した …… 12

灼熱の宇宙
「ビッグバン」のはじまり …… 14

飛びかう素粒子から
陽子と中性子が生まれた …… 16

ついに原子が誕生し，
宇宙は晴れわたった …… 18

天体がない「暗黒の時代」が
しばらくつづく …… 20

宇宙で
最初の恒星が誕生した …… 22

ファーストスターが大爆発し，
"星の種"をまき散らした …… 24

原始の太陽が生まれ，
惑星たちが形成されはじめる …… 26

Q&A
「ビッグバン」という名称は，皮肉をこめてつけられた？　など …… 28

2章 大迫力のビジュアル 太陽系の終わり

ダイジェスト 宇宙誕生から
138億年の歴史 …… 30

現在の太陽系を構成する
メンバーたち …… 32

火星に環ができ，
土星の環はなくなる …… 34

太陽はどんどん明るくなり，
地球が干上がる …… 36

ふくらんだ太陽が
水星や金星をのみこんでいく …… 38

一度ちぢんだ太陽が，
ふたたび膨張をはじめる …… 40

星雲が太陽系を包み，
太陽は死をむかえる …… 42

新しい星が生まれず，
星の世代交代が止まる …… 44

すべての天体が
"鉄の星"となる可能性もある …… 46

Q&A
超新星爆発をこの目で見れる日がくるかもしれない？　など …… 48

3章
暗黒の宇宙 銀河と天体の終わり

現在の太陽系は，天の川銀河の
"郊外"に位置している ……………… 50

オリオン座も北斗七星も，
大きく形を変えてしまう ……………… 52

天の川銀河が
別の銀河に衝突してしまう ……………… 54

1000億年後，銀河の集団は
一つの超巨大な銀河へと成長する …… 56

銀河はおたがいに
孤立していく ……………… 58

星が燃えつき，
宇宙全体は真っ暗になっていく ……… 60

ブラックホールにのみこまれた天体が
ときおり輝く ……………… 62

銀河はちりぢりとなり，
巨大なブラックホールが残る ……… 64

陽子が崩壊し，
物体は消滅していく ……………… 66

ブラックホールもやがて
蒸発し，消滅する ……………… 68

Q&A
銀河が衝突したら，惑星や恒星どうしも
衝突する？　など ……………… 70

4章
イラストでみればちがいがわかる 宇宙の終わりのシナリオ

宇宙を加速膨張させる
「ダークエネルギー」……………… 72

膨張しても薄まらない
「負の圧力」をもつ ……………… 74

宇宙の終わり 第1のシナリオ
「ビッグフリーズ」……………… 76

宇宙がトンネル効果によって
生まれ変わる？ ……………… 78

宇宙の終わり 第2のシナリオ
「ビッグクランチ」……………… 80

宇宙はビッグクランチと
ビッグバンをくりかえす ……………… 82

宇宙の終わり 第3のシナリオ
「ビッグリップ」……………… 84

いつかおとずれるかもしれない
「真空崩壊」……………… 86

真空崩壊がおきる可能性は
どれくらいあるのか ……………… 88

宇宙は無限に存在する
可能性がある ……………… 90

Q&A
ダークマターとダークエネルギーのちが
いとは？　など ……………… 92

プロローグ

20世紀はじめまで，「宇宙は不変」と考えられていた

STEP 1

私たちが見上げる夜空の星々は，わずかに位置を変えることはあっても，ほぼいつも同じように存在している。そのため，宇宙は永遠の昔からそこにあり，時間がたっても変化しないと思えるかもしれない。このイラストの一つの箱は，ある時点の宇宙をあらわしている。20世紀初頭まで，科学者たちの多くは，「宇宙は永遠の昔から存在していて，ほとんど変わっていない」と考えていたのだ。

プロローグ

STEP 2

また，当時の科学者たちは，「宇宙は私たち
が住む天の川銀河と，そのまわりに広がる何
もない空間からできている」とも考えてい
た。ただし，太陽のまわりを公転する惑星な
どの存在は知られており，宇宙が完全に固定
されたものと考えられていたわけではない。
ここでいう変化とは，箱（宇宙全体）の大き
さが変わったり，そこに含まれる物質の量や
種類が変わったりすることを意味する。

プロローグ

有力な宇宙の終わり「三つのシナリオ」

STEP 1

現在の物理学では、宇宙は不変ではないと考えられている。宇宙は「加速膨張（8ページ）」していることがわかったのだ。そして遠い未来、宇宙は最期をむかえることになる。宇宙の終わりには、主に3つのシナリオが考えられている。一つ目は、この加速膨張がこれまで通りつづく場合だ。このシナリオが行き着く先は"空っぽの宇宙"である。これを「ビッグフリーズ」とよぶ。

これまで通りの膨張がつづく？

膨張から収縮に転じる？

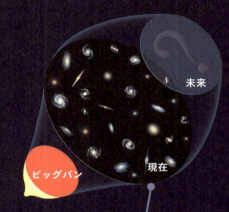

STEP 2

また、宇宙の膨張スピードが加速から減速に転じるシナリオも考えられる。宇宙の膨張速度はどんどん遅くなっていき、ついには収縮に転じる可能性があるのだ。こうなると銀河どうしはどんどん接近していき、ついには宇宙全体が1点につぶれてしまう。これを「ビッグクランチ」とよぶ。

これまでの加速膨張をはるかに
上まわる急激な膨張をする？

プロローグ

STEP 3

三つ目のシナリオは，現在よりもさらに宇宙の膨張スピードが上がる場合だ。こうなると天の川銀河や太陽系もふくれ上がって引き裂かれてしまう。さらには原子すらも宇宙膨張に抵抗しきれず，ふくれ上がって引き裂かれると考えられている。これを「ビッグリップ」とよぶ。具体的にどのように宇宙の未来は進んでいくのか。シナリオのちがいのかぎをにぎるのは何か。これからひもといていこう。

1 イラストでかけ抜ける 宇宙のはじまり

現在の宇宙は加速膨張している

STEP 1

アメリカの天文学者エドウィン・ハッブル（1889～1953）は1924年，私たちの住む天の川銀河の外にも銀河が存在していることを観測で明らかにした。さらにハッブルは，ほとんどの銀河が，天の川銀河から遠ざかるように動いているようすを観測したのだ。しかも，遠くの銀河ほど距離に比例して速く遠ざかっていたのである。これを「ハッブル＝ルメートルの法則」とよぶ。

速度2

銀河B
天の川銀河からの距離は2

速度1

銀河A
天の川銀河からの距離は1

STEP 2

ほかの銀河が天の川銀河から遠ざかっているとすると，宇宙の中心に天の川銀河があるかのように思えるかもしれない。しかし，「宇宙には特別な場所はない」とも考えられており，これを「宇宙原理」とよぶ。つまり，天の川銀河が宇宙の中心であるとは考えられていないのだ。そうなると，「どの銀河から見ても，ほかの銀河は距離に比例した速度で遠ざかって見える」ということになる。これは何を意味するのだろうか。

天の川銀河

1 イラストでかけ抜ける 宇宙のはじまり

銀河C 天の川銀河からの距離は3 速度3
銀河D 天の川銀河からの距離は4 速度4

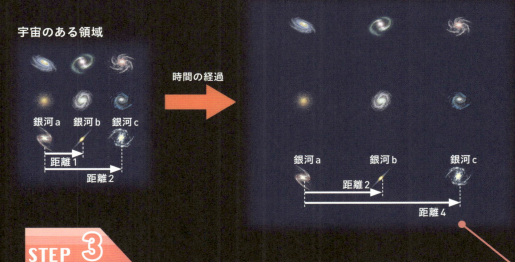

宇宙のある領域　→　時間の経過　→　宇宙のある領域（長さが2倍に膨張）

銀河a　銀河b　銀河c
距離1　距離2
距離2　距離4

STEP 3

多くの科学者たちは，これを「宇宙の空間全体が膨張している」証拠だと考えた。上の図の左で銀河aと銀河bの間の距離を1とすると，右では，宇宙の膨張によって距離が2にのびている。また，銀河aと銀河cの間の距離は2から4にのびている。銀河aから見たとき，この時間内に銀河bは1だけ遠ざかり，銀河cは2だけ遠ざかったことになる。これは銀河aからの距離に応じて，同じ時間内に遠ざかる距離（速さ）が増大することを意味する。宇宙が膨張していると考えると，ハッブル＝ルメートルの法則をみごとに説明することができるのである。

9

1 イラストでかけ抜ける　宇宙のはじまり
宇宙は何もない"無"から生まれた

STEP 2

「無からの宇宙創生論」は，アメリカの物理学者アレキサンダー・ビレンキン（1949～）が，「一般相対性理論」と「量子論」の二つの現代物理理論を用いることでみちびきだしたものである。ここでいう"無"とは，時間や空間，物質，エネルギーのない状態を意味する。まず私たちのいる空間から，物質や光をすべて取り除くことを考える。すると残るのは，空っぽの空間だ。この空っぽの空間の大きさをどんどん小さくしていき，限りなくゼロに近づけていったものが，"無"というのだ。この考えによると，宇宙は量子論的に可能な最小の長さの10^{-35}メートルという，超ミクロなものからスタートしたことになる。

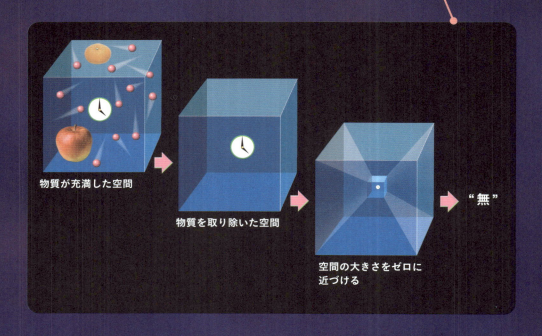

物質が充満した空間　→　物質を取り除いた空間　→　空間の大きさをゼロに近づける　→　"無"

1 イラストでかけ抜ける 宇宙のはじまり

STEP 1

宇宙が膨張しているということは，過去にさかのぼるほど，宇宙は小さく，銀河は密集していたことになる。さらに過去にさかのぼれば，宇宙全体が１点に"つぶれる"ことになり，それ以上さかのぼることはできなくなる。つまり，宇宙には"はじまり"があったと考えられるのだ。では，宇宙はどのようにして誕生したのだろうか？　宇宙のはじまりについてはさまざまな仮説が提唱されているが，その一つが「宇宙は"無"から生まれた」と考えるものだ。

無から生まれた宇宙

STEP 3

では，なぜ無から宇宙が誕生できたのだろうか。量子論によると，非常に短い時間の中では，時間や空間，エネルギーは一つの値をとれずにたえずゆらいでいる。つまり，ほんの一瞬であればエネルギーが存在でき，超ミクロな宇宙が生まれてはすぐに収縮して消えているとされるのだ。ここから「トンネル効果」とよばれる現象によって，運よく膨張することができた宇宙が，現在の姿になったと考えられているのである。これはあくまでも仮説にすぎないが，決して空想ではなく，物理学を駆使して得られた結論なのである。

1 イラストでかけ抜ける　宇宙のはじまり

インフレーションによって宇宙は急膨張した

STEP 2

インフレーションはただの膨張ではない。現在の宇宙の膨張速度をはるかに上まわる「加速度的な膨張」である。すぐ目の前の空間でさえ，光速をこえる速度で遠ざかったほどの，おどろくべき膨張速度である[2]。そしてインフレーションの終了後，灼熱の宇宙「ビッグバン」が生じたと考えられている。

時間の流れ

STEP 1

誕生直後，ミクロな宇宙は想像を絶するほどの急激な膨張をとげたと考えられている。ある理論によれば，ミクロな宇宙は誕生から10^{-36}秒後〜10^{-34}秒後という一瞬の間に，10^{30}倍以上に巨大化したとされる[1]。たとえるなら，ウイルスが一瞬で天の川銀河より大きくなるようなものだ。この急膨張を「インフレーション」とよぶ。

インフレーション期（超急膨張）

※1：数値は一例で，厳密な数字はあまり重要ではない。
※2：空間の膨張により光速をこえるのであり，物質の移動する速度が光速をこえるという意味ではない。

1 イラストでかけ抜ける 宇宙のはじまり

現在の宇宙

STEP 3

インフレーションを引きおこす「何か」は仮に「インフラトン」とよばれている。その正体をめぐっては，現在さまざまな説が乱立している状態である。現在の宇宙も加速膨張しているが，その速度はインフレーションより格段にゆるやかなものだ。しかし，これを「第2のインフレーション」がおきているとみる考え方もある。

原子が誕生したころの宇宙（WMAP衛星の宇宙地図）

ビッグバン（＝インフレーションが終了し，熱放射で満たされた宇宙）

インフレーション中の宇宙

宇宙創生

注：このページでは，インフレーション期の急激な膨張を表現するために，「原子が誕生したころの宇宙」から「現在の宇宙」までは，ほとんど大きさが変わらないようにえがいた。

1 イラストでかけ抜ける 宇宙のはじまり

灼熱の宇宙「ビッグバン」のはじまり

STEP 1

インフレーションが終わると，宇宙の膨張速度は急激に遅くなり，現在のようにゆるやかなものになったと考えられている。そうすると何がおこるのか。疾走していた車が急ブレーキをかけると，タイヤは摩擦熱で熱くなる。車の運動エネルギーが，熱のエネルギーに姿を変えたからだ。インフレーションが終了するときにも，同じようにエネルギーの移り変わりがおきた。インフラトンのエネルギーが，別のエネルギーにかわったのである。

STEP 2

別のエネルギーとは，物質と光と熱のエネルギーである。インフレーション中の宇宙には，私たちが知っている物質（陽子や中性子，電子など）や光は存在しなかった。しかし，インフレーションをおこしたエネルギーから，さまざまな素粒子が誕生したのだ。また，このエネルギーは，素粒子の生成だけでなく，それらが飛びかう運動のエネルギーにもかわった。そのため，宇宙の温度は10^{23}度にもなったとされる。これが，「ビッグバン」が"火の玉宇宙"ともよばれる理由である。

1 イラストでかけ抜ける 宇宙のはじまり

STEP 3

宇宙が灼熱状態になってまもないころ，超高温の宇宙では，粒子と反粒子※の生成と消滅が同じくらいの割合でおきていた。しかし，宇宙がゆるやかに膨張してだんだん温度が下がってくると，生成はおきにくくなり，消滅ばかりがおきるようになる。このとき，何らかの理由によって粒子が反粒子よりわずかに多かったために，反粒子は消えて，粒子だけが残ったとされる。このとき生き残った粒子によって，銀河や星のもととなる元素が生まれたと考えられるのだ。

※：粒子と質量などの性質が同じで，電荷が反対となったもの。粒子と反粒子はペアで生成したり（対生成），衝突すると消滅したり（対消滅）する。

1 イラストでかけ抜ける　宇宙のはじまり

飛びかう素粒子から 陽子と中性子が生まれた

STEP 2

宇宙誕生から10万分の1秒後くらいになると，宇宙の温度は1兆度ほどに下がる。すると素粒子の動きがにぶくなり，結合して「陽子」と「中性子」が誕生する。陽子と中性子は，「原子核」の材料だ。そして原子は，原子核と電子でできている。つまり，宇宙誕生から10万分の1秒後には，原子の材料が出そろっていたのだ。

陽子と中性子の誕生
宇宙誕生から
10万分の1秒後

陽電子

電子

陽子

中性子

素粒子の海
宇宙誕生から
100万分の1秒後

STEP 1

宇宙誕生から100万分の1秒後，宇宙は数兆度という超高温だったと考えられている。このとき，電子や「クォーク」とよばれる素粒子，そしてそれらの反粒子は，バラバラの状態ではげしく飛びかっており，いわば"素粒子の海"であった。

1 イラストでかけ抜ける　宇宙のはじまり

陽子

中性子

電子

中性子

陽子

電子

陽電子

陽電子がいなくなる
宇宙誕生から4秒後

STEP 3

陽子と中性子，電子，陽電子が飛びかう
宇宙誕生から1秒後

宇宙誕生から1秒後までに，クォークの反粒子（反クォーク）と，反クォークによって誕生した反陽子と反中性子は消えてなくなってしまうが，電子の反粒子である陽電子は生き残っている。誕生から1秒後の宇宙には陽子，中性子，電子，そして陽電子（電子の反粒子）が飛びかっていたのだ。しかし，宇宙誕生から4秒後，陽電子は消えてなくなり，すべての反粒子がなくなったと考えられている。

注：「光子」や「ニュートリノ」などの素粒子も存在していたと考えられているが，ここでは原子のもととなる粒子だけをえがいてある。

17

1 イラストでかけ抜ける 宇宙のはじまり

ついに原子が誕生し，宇宙は晴れわたった

中性子
陽子（水素の原子核）
電子

4秒後
3分後
ヘリウム原子核

STEP 1

宇宙誕生から3分後，膨張によって宇宙の温度が10億度まで下がってくると，「核融合反応」がおきはじめる。原子核（陽子や中性子を含む）どうしが衝突・融合する反応のことだ。これによって，それまでバラバラに飛びかっていた陽子と中性子が結合し，ヘリウムの原子核ができたのである。しかし，まだ高温のため，原子核と電子はバラバラに空間を飛びかっていた。

STEP 2

宇宙誕生から38万年後，宇宙の温度は3000K（約2700度）となり，電子や原子核の飛びかう速度が遅くなる。電子は負の電気をおび，原子核は正の電気をおびている。そのため遅くなった電子は，電気的な引力によって，原子核に"つかまる"ようになる。こうして，電子は原子核の周囲をまわるようになり，電気的に中性な水素原子が誕生したのだ。ヘリウム原子もほぼ同じころに誕生したのである。

水素原子
ヘリウム原子

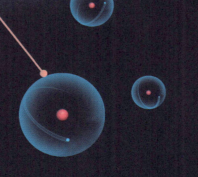

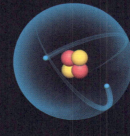

1 イラストでかけ抜ける　宇宙のはじまり

宇宙誕生から38万年後
（宇宙の大きさ：現在の宇宙の1000分の1）

まっすぐ進むようになった光

STEP 3

光は，電子や陽子などの電荷をもつ粒子（とくに電子）にぶつかりやすいという性質がある。そのため，温度が高い時代には，まるで霧の中で光が水滴にぶつかるように，光はたえず電子にぶつかり，まっすぐ進むことができなかった。しかし，電子や陽子が結合して電気的に中性である原子ができると，光はぶつかる相手がいなくなって，直進するようになる。この出来事はあたかも霧が晴れるようなので，「宇宙の晴れ上がり」とよばれている。

19

1 イラストでかけ抜ける 宇宙のはじまり

天体がない「暗黒の時代」がしばらくつづく

STEP 1

原子が誕生したあと，宇宙ではとくに大きな変化のない時代が約3億年間もつづいた。陽子と電子が原子となり，光が生まれなくなったことから，「暗黒時代」とよばれている。ほとんど水素とヘリウムのガス（気体）だけがただよう世界だったのだ。この時代は，恒星や銀河などが生まれる環境をゆっくりとはぐくんだともいえる。その原動力が「重力（万有引力）」である。

宇宙の大規模構造

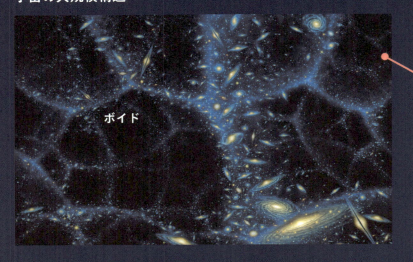

ボイド

STEP 3

現在の宇宙は，銀河が網の目のようにつらなって分布している。そこには左のイラストのように，銀河がほとんど存在しない空洞（ボイド）が数億光年のサイズで存在している。さながら，シャボンの細かな泡が集まっているかのようだ。これを「宇宙の大規模構造」とよぶ。初期宇宙の物質分布のむらが成長していった結果，このような大規模構造が形成されたのである。

暗黒時代の宇宙

1 イラストでかけ抜ける 宇宙のはじまり

STEP 2

暗黒時代の宇宙に存在した物質（水素とヘリウムのガス）の密度は完全に均一ではなく，わずかながら密度のむらがあったとされている。ガスにはわずかながら重さ（質量）があるため，周囲に重力をおよぼすことができる。ガスの密度が周囲よりもほんの少し高い領域は，ガスを周囲から集める。そして，密度が上がって重力も強くなり，さらにガスを周囲から集めるようになる。このようにして，宇宙にはガスの濃淡（のうたん）が少しずつ成長していったのである。

1 イラストでかけ抜ける　宇宙のはじまり
宇宙で最初の恒星が誕生した

STEP 1
宇宙誕生から約3億年たつと、ガスの濃い部分はあちらこちらで太陽の重さの100分の1くらいのガスのかたまりへと成長したという。宇宙で「天体」とよべる、はじめてのものであり、"星の種"（原始の恒星）だといえる。これらの星の種は、1万年から10万年のうちに、周囲からガスをさらに集めて、巨大な恒星へと成長していく。宇宙で最初の恒星「ファーストスター」の誕生である。恒星とは、太陽のようにみずから輝く天体のことで、核融合反応で発生するエネルギーが輝きの源になっている。

STEP 2
ファーストスターの半径も重さも、太陽よりずっと大きかったと考えられている。太陽の表面温度は約6000度だが、ファーストスターは10万度に達していたと推定されている。恒星の色は高温になるほど青白くなるので、ファーストスターも青白く輝いていたことだろう。その明るさは、太陽の数十万〜100万倍だったと考えられている。

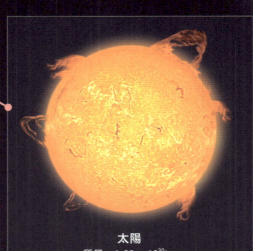

太陽
質量：1.99×10^{30} kg
赤道半径：69万6000km

ファーストスター
（第1世代の恒星）

1

イラストでかけ抜ける　宇宙のはじまり

1 イラストでかけ抜ける　宇宙のはじまり

ファーストスターが大爆発し，"星の種"をまき散らした

STEP 1

ファーストスターの中心部では，核融合反応がおきて，水素（H）の原子核からヘリウム（He）の原子核が合成される。中心部で水素がつきると，今度はヘリウムの原子核どうしが核融合反応をおこして，炭素（C）の原子核などが合成される。このように恒星の中心部では，軽い元素の原子核が"燃えつきる"と，より重い元素の原子核が核融合反応をおこし，そこからさらに重い元素の原子核が合成されていくのである。

ファーストスター
（第1世代の恒星）

晩年に膨張した
ファーストスター

STEP 2

晩年の恒星には大きな変化がおきる。恒星をちぢめる方向にはたらく重力と，恒星をふくらませる方向にはたらくガスの圧力のバランスがくずれ，恒星が膨張するのだ。これによってファーストスターは，半径が元の100倍以上にふくれあがったと考えられる。膨張した恒星の中心部に鉄（Fe）ができると，鉄は安定な原子核のため，そこで核融合反応は終わる。

STEP 3

核融合反応を終えた恒星は，みずからの重力にたえきれず，急激に収縮をはじめ，いずれ大爆発をおこす。これが「超新星爆発」である。誕生から約300万年後ごろのことだ。この爆発のすさまじいエネルギーによって核反応がおき，恒星内部では合成できなかった鉄よりも重い元素なども合成されたとされる。こうした元素をもとにして，第2世代以降の恒星がつくられていくことになるのだ。ファーストスターがおこした超新星爆発の中心には，光さえも飲みこむ重力の強い天体「ブラックホール」が残されることになる。

1 イラストでかけ抜ける 宇宙のはじまり

超新星爆発

O
酸素の原子核

Si
ケイ素の原子核

C
炭素の原子核

H
水素の原子核

ヘリウムの原子核
He

鉄の原子核
Fe

1 イラストでかけ抜ける　宇宙のはじまり

原始の太陽が生まれ、惑星たちが形成されはじめる

原始太陽

ジェット

ガス円盤

微惑星

原始太陽

ガス円盤

STEP 1

太陽系は、中心で輝く恒星の太陽と、そのまわりを公転する惑星や衛星、小惑星、彗星といった天体の集まりである。これらの天体は、約46億年前に太陽が誕生するのとほぼ同時に形成されていったと考えられている。まず水素やヘリウムなどのガスと固体成分のちりからなる星間雲の密度の高い領域が、重力によって収縮しはじめる。回転しながら収縮は進み、平べったいガス円盤と、その中心に原始太陽が誕生する。

1 イラストでかけ抜ける 宇宙のはじまり

STEP 2
ガス円盤誕生から数十万年後，中のちりが集まって，直径数キロメートルの「微惑星」が誕生する。ガス円盤誕生から約1000万年後には，微惑星が衝突・合体をくりかえすことによって，火星サイズの原始惑星に成長する。

STEP 3
太陽に比較的近い場所では，岩石と金属からなる原始惑星がたがいに衝突・合体して，「岩石惑星（水星，金星，地球，火星）」が誕生する。また，大きな固体コアのまわりにガスを取りこむことによって，「巨大ガス惑星（木星，土星）」と「巨大氷惑星（天王星，海王星）」も誕生する。ガス円盤誕生から1000万〜1億年後ころのことである。今から45億年前ごろには，円盤のガスは太陽系の外に吹き払われ，太陽系が完成する。そして，各惑星は独自の進化をとげ，現在に至る。

1 イラストでかけ抜ける 宇宙のはじまり
Q&A

Q 宇宙のはじまりを完全に解き明かすには，新しい物理理論が必要？

A 「一般相対性理論」は，アルバート・アインシュタイン（1879 ～ 1955）が発表した重力に関する理論である。その中で「重力とは，時間と空間のゆがみが生みだすものだ」と説明されている。相対性理論では，時間と空間を一体の存在と考え，両者を合わせて「時空」とよぶ。重力は，時空がのびたりちぢんだり曲がったりすることによって引きおこされる現象だと考えるのだ。とくに大きな質量をもつ物体の周囲では，より顕著に時空がのびたりちぢんだりする。そのようなゆがんだ時空の中を物体や光が通過すると，軌道がぐにゃりと曲がるのである。

また，投げたボールの軌道や公転する天体の動きなど，マクロな世界のあらゆる物体の運動は「ニュートン力学」で説明がつく。ニュートン力学はイギリスの物理学者アイザック・ニュートン（1642 ～ 1727）が打ち立てた理論だ。しかし，原子や分子といったミクロな世界では，このニュートン力学では説明できない不思議なふるまいをみせる。「量子論」とは，このように非常に小さなミクロな世界で，物質を構成する粒子や光などがどのようにふるまうかを解き明かす理論である。

一般相対性理論と量子論は，現代物理学の二大基礎理論といってよい。一般相対性理論は，ニュートンの重力理論では説明できない「ブラックホール」の存在や，この宇宙全体の形状や変化などもあつかうことができるほど強力な理論ではあるが，それをもって

しても，宇宙のはじまりを計算することはできない。これを理解するには，量子論と一般相対性理論を統合する新しい理論「量子重力理論」が必要だと考えられている。

Q 宇宙誕生のかぎをにぎる「トンネル効果」とはどんな現象？

A 球がある高さから谷に向かってころがり落ちる運動を考えてみよう（右のイラスト）。一般的に考えると，谷の底まで落ちた球は，元いた場所と同じ高さまで上がっていくが，ふたたび谷にころがり落ちてしまうだろう。結局谷を行ったり来たりするだけで，右側の山をこえることはできない。この運動は，マクロな世界（私たちがふだん目にする大きなサイズの世界）でもよくみられる現象だ。

しかし，ミクロな世界では，この球（粒子）が瞬間的に高い運動エネルギーをもつ場合がある。一時的にこのような“スーパー粒子”になると，本来はこえられないはずの高い“山”をこえて，“山”の向こう側に行くことができるのである。あたかも，粒子がいつのまにか“山”をすり抜けて，向こう側にたどりついたかのようにもみえるので，この現象を「トンネル効果」とよぶ。

ビレンキンは，この考えを取り入れて新しい宇宙誕生モデルを考えたのである。仮説によると，宇宙が誕生するときには，宇宙の“卵”自体が生まれたり消えたりをくりかえしていた。宇宙の卵が，自然に急膨張を開始できるサイズまで大きくなるには，その過

程で大きなエネルギーが必要になる。つまり"エネルギーの山（障壁）"をこえなくてはならないのだ。そこで登場するのがトンネル効果である。「私たちの宇宙は、宇宙の卵がトンネル効果を使ってこえられないはずの"山"をこえ、はかない運命の宇宙から急膨張する宇宙に転じて生じたものだ」と考えたのである。そして、おどろくべきことに、宇宙の卵の大きさがゼロであっても、このトンネル効果がおこる可能性がゼロではないことをみちびいたのである。

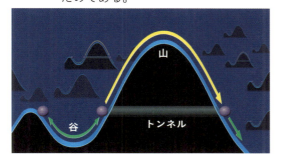

Q 「ビッグバン」という名称は、皮肉をこめてつけられた？

A 大昔の宇宙が高密度で高温だったとするビッグバン宇宙論を提唱したのは、ロシア生まれのアメリカの物理学者であるジョージ・ガモフ（1904～1968）であった。しかし、その名称を考えたのはガモフ自身ではない。イギリスの著名な天文学者フレッド・ホイル（1915～2001）はこの説に猛反発し、ラジオ番組で大批判をした。その際に、皮肉まじりで、「宇宙が大爆発（ビッグバン）からはじまったなど考えられない」と発言したのが元になったのである。しかし、当のガモフはその名称を気に入っていたという。なお、ビッグバンは、「宇宙の誕生」そのものをばく然とさす言葉として使われることもあるが、現代宇宙論の標準的な解釈では、ビッグバンは「インフレーション後におきた"灼熱状態の宇宙の誕生"」として使われている。

ガモフとその共同研究者らは「大昔の宇宙は高温だったため、宇宙全体が光り輝いていた。そのときの光のなごりが、宇宙が膨張して冷えてしまった今でも宇宙空間にただよっている」と予言した。そして、1964年にベル研究所のアーノ・ペンジアス（1933～2024）とロバート・ウィルソン（1936～）によって、その光のなごりが偶然観測されることになる。その光は、宇宙空間で星も何もない"背景"からやってくる電波であったことから、「宇宙背景放射」とよばれている。その後、人工衛星などの観測により、宇宙背景放射の温度などが解析され、ガモフの正しさが証明されたのである。12ページの「WMAP衛星の宇宙地図」は、2001年に打ち上げられたNASAの人工衛星「WMAP」が宇宙空間で観測した宇宙背景放射をあらわしたものである。色のちがいはわずかな温度のむらがあることを意味しており、初期の宇宙で物質の分布にかたよりがあったことを示唆している。

Q 素粒子とは何か？

A 素粒子とは、それ以上もう分けることができない物質の単位のことである。陽子や中性子は最小単位ではないが、電子は素粒子の一つである。大まかに18種類あるとされ、そのうち重力を伝える重力子のみ未発見となっている。素粒子は、物質を構成するもの、力を伝えるものなどに分けることができる。

私たちの身のまわりにある物質は、電子とアップクォークとダウンクォークの3種類の素粒子だけで構成されている。陽子はアップクォーク二つとダウンクォーク一つ、中性子はアップクォーク一つとダウンクォーク二つから構成されている。

2 大迫力のビジュアル　太陽系の終わり

ダイジェスト
宇宙誕生から138億年の歴史

宇宙のはじまり

暗黒時代

数億年後

STEP 1

宇宙は空間も時間も存在しない"無"から誕生したとされる。そして，ミクロな宇宙はインフレーションとよばれる急激な空間の膨張を経験した。その後，インフレーションが終わると，それを引きおこしていたエネルギーが物質と光と熱に転化し，宇宙は超高温・超高密度の世界（ビッグバン）となる。その後，宇宙はインフレーション期とくらべるとゆるやかな膨張をつづけ，徐々に冷えていく。太陽のような恒星が形成されるのは，宇宙誕生から約3億年後のことだ。これが第1章でみた，宇宙のはじまりのシナリオである。

STEP 2

宇宙誕生から5億年後ごろまでには原始の銀河が形成され，合体しながら大きな銀河へと成長していく。約12億年後には現在のような銀河の大規模構造がつくられたようだ。インフレーション後は膨張の速度が減速したと考えられているが，約62億年後に宇宙の膨張はふたたび加速膨張に転じたとされる。私たちがいる太陽系が誕生したのは，宇宙誕生から約92億年後のことである。

5億年後まで   12億年後   62億年後   138億年後→

STEP 3

現在の宇宙の年齢は約138億年である。この年齢は，宇宙膨張率の測定と宇宙背景放射の分析によってみちびきだされたものだ。宇宙背景放射は光（電磁波）である。光の速さはつねに一定（秒速約30万キロメートル）なので，宇宙背景放射が発せられた場所から地球までの距離がわかれば，「かかった時間＝宇宙の年齢」が計算できる。そこで，人工衛星の観測結果から距離を割りだし，そこから宇宙の年齢がみちびきだされたのである。人類（ホモ・サピエンス）が誕生したのは約20万年前のことだ。宇宙のスケールで考えると一瞬の出来事にすぎないのである。

2 大迫力のビジュアル 太陽系の終わり

2 大迫力のビジュアル 太陽系の終わり
現在の太陽系を構成するメンバーたち

STEP 1

太陽系は，太陽と太陽を中心としてまわる惑星，その惑星をまわる衛星，準惑星，小天体などから構成される。太陽系の惑星は全部で八つあり，太陽のまわりを公転している。太陽系の内側にある「水星」「金星」「地球」「火星」の四つの惑星は，岩石質の地殻・マントルと金属の核をもつ惑星で，「岩石惑星」「地球型惑星」などとよばれる。水星と金星に衛星は存在しないが，地球には月，火星にはフォボスとダイモスという衛星が存在する。岩石惑星の周囲にリングは存在しない。

水星　金星　地球　火星　木星

2 大迫力のビジュアル　太陽系の終わり

STEP 2

火星よりも外側にある「木星」「土星」「天王星」「海王星」の四つの惑星は，「木星型惑星」とよばれる。木星と土星は大量のガスの中心に氷と岩石でできた核があり，「巨大ガス惑星」ともよばれる。天王星と海王星は氷と岩石でできた核のまわりを厚い氷の層が取り囲み，その外側にわずかなガスがあり，「巨大氷惑星」ともよばれる。土星の周囲にある美しいリングが有名だが，ほかの三つの惑星の周囲にもリングが存在する。また，したがえている衛星の数が多いのも特徴の一つだ。質量が十分に大きいものの，惑星の条件をすべて満たしていない衛星以外の天体は「準惑星」とよぶ。冥王星も準惑星の一つだ。

彗星

土星

天王星

海王星

STEP 3

小天体には，「小惑星」「太陽系外縁天体」「彗星」などがある。小惑星の大部分は，火星と木星の間にある小惑星帯に存在する。太陽系誕生の際に惑星になれなかったものとされ，太陽系初期の情報を保存していると考えられている。そのため，複数の探査機が打ち上げられ，日本の「はやぶさ」などが小惑星からのサンプルリターンに成功している。一方，太陽系外縁天体は，海王星より遠くに位置しており，氷と岩石からなる。彗星は太陽から30 〜 10万天文単位はなれた領域からやってくるもので，主に氷からなる。

※：天文学で用いられる距離の単位。地球と太陽の間の平均距離にほぼ等しく，1天文単位は約1億5000万キロメートル。

2 大迫力のビジュアル　太陽系の終わり
火星に環ができ，土星の環はなくなる

STEP 1

ここからは，宇宙の未来がどのように変化していくのか具体的にみていこう。まずは私たちの住む太陽系についてだ。この環の持ち主は土星でも木星でもない。未来の火星にできた環の想像図だ。火星にある衛星のうち，軌道半径が小さいほうのフォボスは，2000万〜4000万年後に砕け散ると考えられている。そして，フォボスが砕けた破片によって，火星には環ができると予想されているのだ。環は100万年から，最大1億年間存続すると考えられている。徐々に火星に降り注ぐことで，この環はやがて消失する。

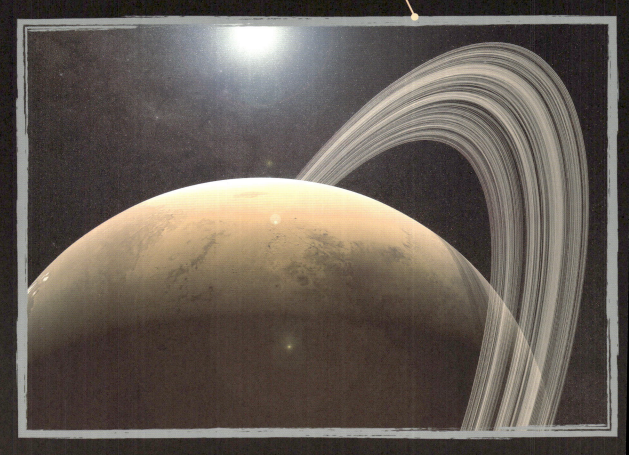

2 大迫力のビジュアル 太陽系の終わり

STEP 2

火星に環ができることとは対照的に，太陽系屈指の奇景といえる土星の環は将来失われてしまうかもしれない。この環は，数センチメートルから数メートルの氷や岩石のかけらやちりなどからできており，太陽系内を飛びかう微小隕石がたえず衝突している。この衝突の影響で，環を構成する粒は軌道を乱されて土星に落下するか，遠方へはじき飛ばされている。このため，現在も土星の環は失われつつあるのだ。ある見積もりによれば，1億年以内に土星の環はほとんど消失するという。土星にみごとな環がある期間は太陽系の歴史の中でも短く，現在の私たちはそれを楽しめる幸運な時期にいるといえるのかもしれない。

出典：Black, B.A., Mittal, T. The demise of Phobos and development of a Martianring system. Nature Geosci 8, 913-917,2015

2 大迫力のビジュアル 太陽系の終わり

太陽はどんどん明るくなり，地球が干上がる

STEP 2

太陽が明るさを増すにつれて，地球の気温はどんどん上昇していくことになる。いずれ海は完全に干上がってしまい，地球は灼熱の大地と化すだろう。こうして地球は，生命の死滅した"死の星"となってしまうのである。太陽がしだいに明るくなっている原因は，太陽の中心部でおきている核融合反応にある。反応の進行とともに中心部の粒子の数が減り，そのままでは圧力が減少してしまう。そのためみずからの重力によって中心部が収縮し，その影響で温度が上昇して，核融合がより活発におきるようになるのだ。

2 大迫力のビジュアル 太陽系の終わり

STEP 1

恒星は、時間がたつにつれて、物質の組成や大きさ、温度などの性質をしだいに変化させていく。太陽は今から46億年前に生まれ、輝きを放ちはじめた。誕生後しばらくして活動が落ち着いた太陽は、現在の70％程度の明るさしかなかったと考えられている。そこから46億年かけて、太陽はゆっくりと輝きを増してきたのだ。この増光は今後もつづいていく。20億年後には現在の1.2倍の明るさになると考えられている。

2　大迫力のビジュアル　太陽系の終わり

ふくらんだ太陽が水星や金星をのみこんでいく

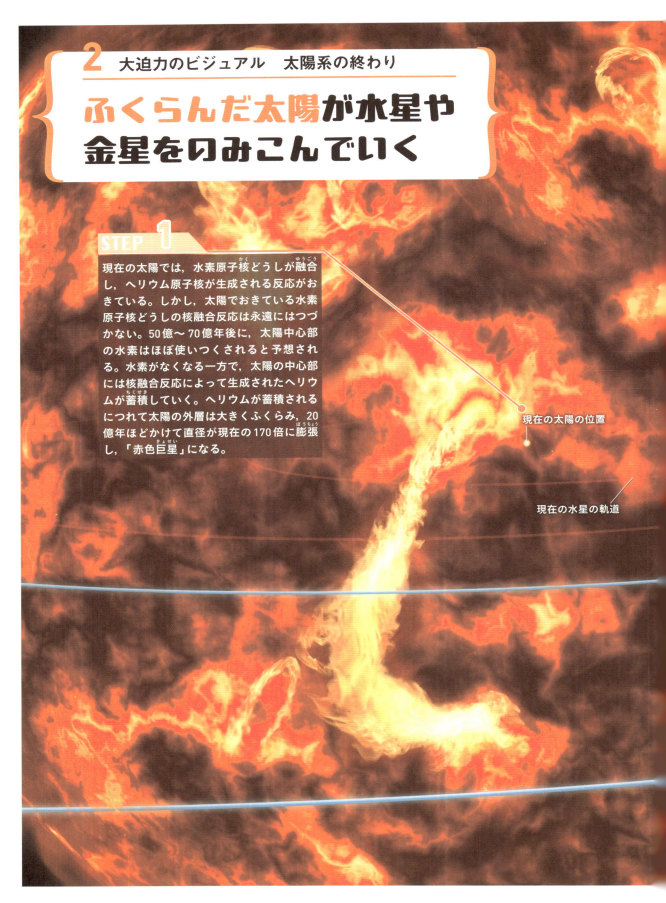

STEP 1

現在の太陽では，水素原子核どうしが融合し，ヘリウム原子核が生成される反応がおきている。しかし，太陽でおきている水素原子核どうしの核融合反応は永遠にはつづかない。50億〜70億年後に，太陽中心部の水素はほぼ使いつくされると予想される。水素がなくなる一方で，太陽の中心部には核融合反応によって生成されたヘリウムが蓄積していく。ヘリウムが蓄積されるにつれて太陽の外層は大きくふくらみ，20億年ほどかけて直径が現在の170倍に膨張し，「赤色巨星」になる。

現在の太陽の位置

現在の水星の軌道

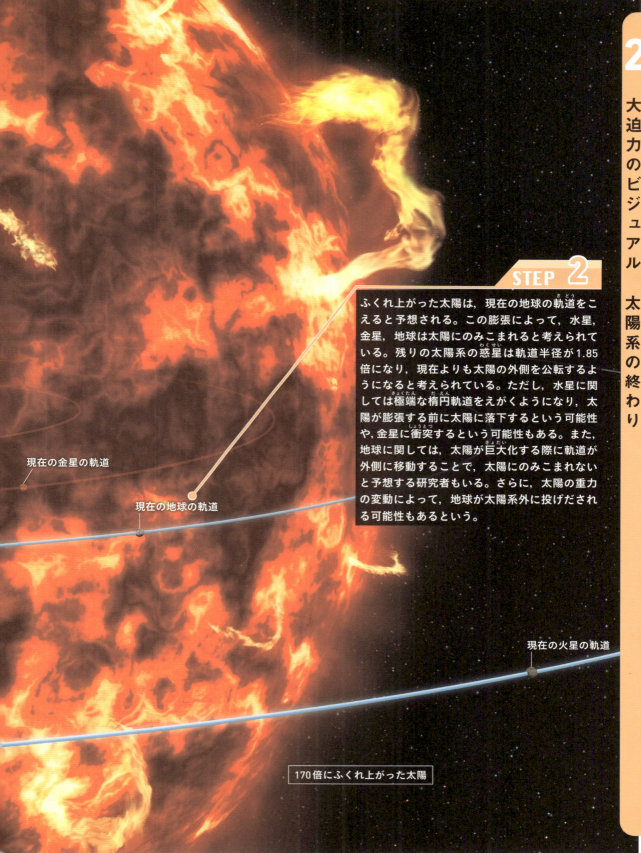

2 大迫力のビジュアル 太陽系の終わり

STEP 2

ふくれ上がった太陽は、現在の地球の軌道をこえると予想される。この膨張によって、水星、金星、地球は太陽にのみこまれると考えられている。残りの太陽系の惑星は軌道半径が1.85倍になり、現在よりも太陽の外側を公転するようになると考えられている。ただし、水星に関しては極端な楕円軌道をえがくようになり、太陽が膨張する前に太陽に落下するという可能性や、金星に衝突するという可能性もある。また、地球に関しては、太陽が巨大化する際に軌道が外側に移動することで、太陽にのみこまれないと予想する研究者もいる。さらに、太陽の重力の変動によって、地球が太陽系外に投げだされる可能性もあるという。

現在の金星の軌道

現在の地球の軌道

現在の火星の軌道

170倍にふくれ上がった太陽

出典：Jon K. Zink et al., The Great Inequality and the Dynamical Disintegration of the Outer Solar System.2020,AJ 160 232

2 大迫力のビジュアル　太陽系の終わり

一度ちぢんだ太陽が、ふたたび膨張をはじめる

STEP 1

今から約80億年後，太陽は急激な収縮に転じ，現在の10倍程度の大きさにまでちぢんでしまう。きっかけは，中心部の温度がおよそ1.5億度に達し，ヘリウムが核融合反応をおこしはじめることだ。ヘリウム原子核どうしの核融合反応によって炭素の原子核がつくられ，さらに炭素の原子核とヘリウム原子核が核融合反応をおこすことで酸素の原子核がつくられる。核融合のエネルギーによって中心部の圧力が安定に保たれるようになると，太陽の膨張が止まる。そして広がっていたガスが重力によってちぢむのである。

STEP 2

しかし，収縮もつかの間，1億〜2億年後には，中心部でヘリウムが燃えつき，太陽はふたたび大膨張をはじめる。今度は，赤色巨星のときよりもさらに大きい「漸近巨星分枝星」になる。このときの大きさは現在の200倍をこえ，600倍に達する可能性もあるという。この段階では，地球の軌道は今よりも広がっていると考えられる。しかし，それを考慮したとしても，地球は太陽にのみこまれてしまうことだろう。地球が太陽系外に飛ばされていなければ，ついに地球は完全な死をむかえてしまうことになる。また，このときの大膨張は，地球だけでなく，火星をのみこんでしまう可能性もあるようだ。

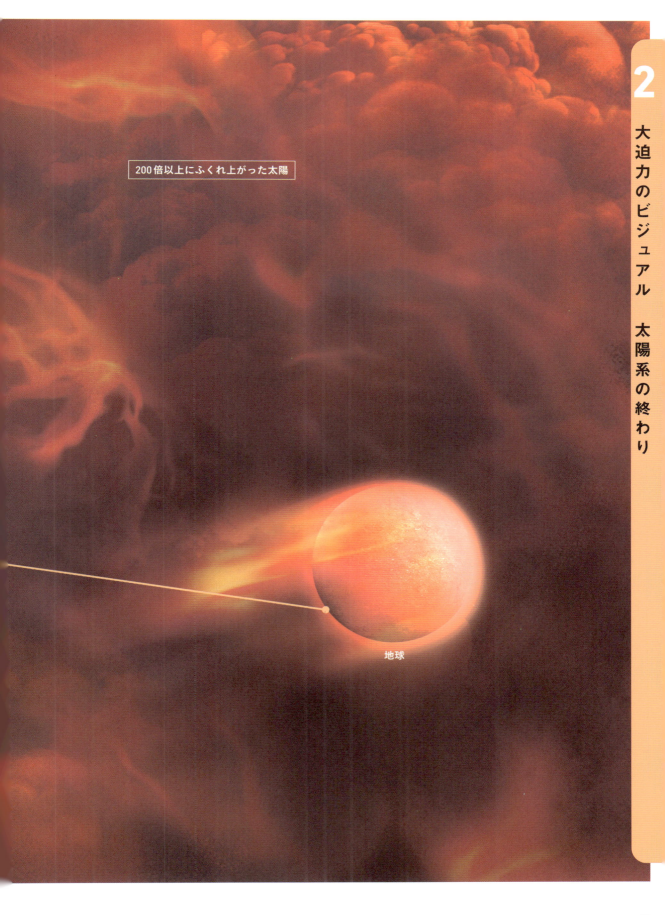

2 大迫力のビジュアル 太陽系の終わり

200倍以上にふくれ上がった太陽

地球

2 大迫力のビジュアル 太陽系の終わり
星雲が太陽系を包み，太陽は死をむかえる

惑星状星雲

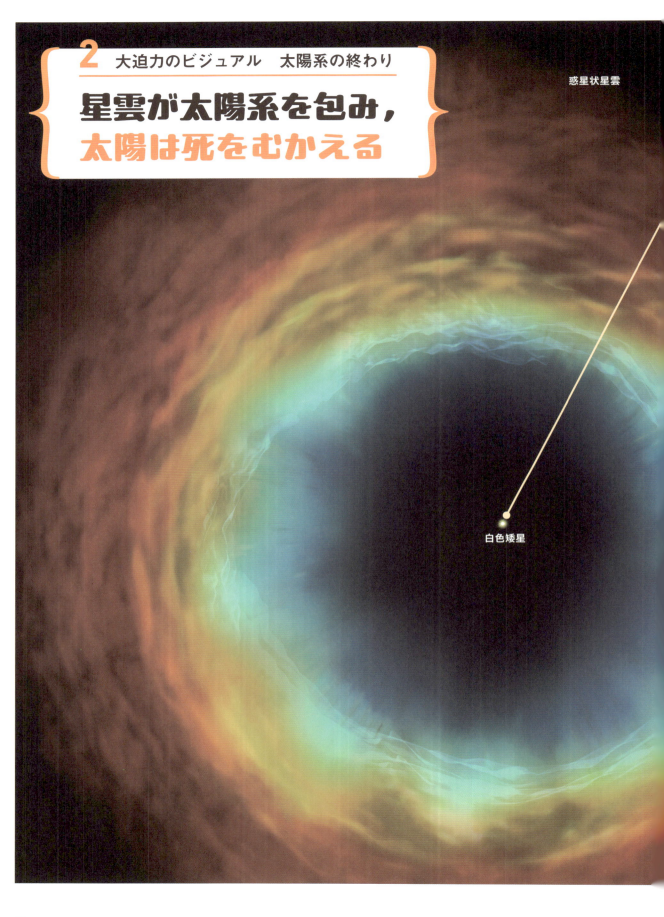

白色矮星

STEP 1

地球をのみこむほどに膨張した漸近巨星分枝星の太陽は，膨張と収縮を何度もくりかえすと考えられている。するとその過程で，太陽をつくっていたガスが宇宙空間に逃げだしていき，太陽はどんどん小さくなっていく。そして最終的には，地球程度の大きさの小さな中心部だけが残される。残された中心部は，「白色矮星」とよばれる。

STEP 2

白色矮星の表面温度は1万度をこえ，白く輝くとともに，紫外線を大量に放出する。こうして放たれる紫外線は，周囲のガスを色とりどりに輝かせる。このような天体は，「惑星状星雲」とよばれる。このとき，生き残った惑星たちがまだ，白色矮星の周囲をまわっているかもしれない。しかし，現在から1000億年後には太陽系から惑星がいなくなるとされる。近隣の恒星と太陽系は何度か接近をくりかえす。その結果，残された惑星は軌道を乱されて，太陽系から弾き飛ばされてしまうのだ。

およそ1万年後

残された
白色矮星

STEP 3

惑星状星雲が輝いている期間は宇宙の歴史からみると，ほんの一瞬だ。中心にある白色矮星は核融合反応をおこしておらず，余熱で輝いているだけなので，ゆっくりと冷えていく。すると，紫外線の放出は1万年程度で止まり，惑星状星雲は輝きを失ってしまうのだ。残された白色矮星は，あとは冷えていくだけとなり，これ以上，目立った変化は基本的におきず，白色矮星になった時点で，太陽は実質的な死に至ったといえる。

2 大迫力のビジュアル 太陽系の終わり

2 大迫力のビジュアル　太陽系の終わり

新しい星が生まれず，星の世代交代が止まる

STEP 1

恒星の死には，大きく分けて「惑星状星雲」を形成するタイプと，「超新星爆発」をおこすタイプがある。どちらの場合でも恒星を形づくっていたガスのほとんどは宇宙空間に放出され，新たに誕生する次の世代の恒星の材料になる。つまり，星は世代交代をくりかえしていくというわけだ。私たちの太陽も，宇宙誕生から何世代かを経たあとの恒星だと考えられている。しかし，このような恒星の世代交代は永遠にはつづかない。恒星の"燃料"がしだいに宇宙からつきていくからだ。

恒星

STEP 2

恒星は，燃料となる水素などの軽い元素の原子核が中心部で核融合反応をおこし，より重い元素の原子核がつくられることで輝いている。誕生直後の宇宙に存在する元素はほとんどが水素だった。水素の原子核は，電気をおびた粒子である陽子一つからなる。つまり，水素原子核は最も単純な構造で，最も軽い原子核だといえる。その後，恒星の中の核融合反応など※によって，炭素や酸素，鉄といったより重い元素がつくられてきた。これがくりかえされると，恒星の燃料となる軽い元素は，しだいに少なくなっていく。すると，新たな恒星は生まれにくくなり，宇宙は徐々に輝きを弱めていくことになるのだ。

H

核融合反応

水素原子核（陽子）

2

大迫力のビジュアル　太陽系の終わり

超新星爆発

Mg

Fe

Si

O

He

N

C

惑星状星雲

分子雲

※：重い恒星が生涯の最期におこす超新星爆発の際や，「中性子星」という高密度な天体どうしが衝突・合体する際などにもはげしい核反応がおき，元素の合成がおきる。

2 大迫力のビジュアル 太陽系の終わり
すべての天体が"鉄の星"となる可能性もある

STEP 1

恒星の中心部では，原子核どうしが融合して，より重い原子核をつくる核融合反応がおきているが，核融合で際限なく重い元素をつくることはできない。鉄がつくられると，それ以上は核融合がおきなくなるからだ（24ページ）。核融合がおきる恒星の中心部では，非常に高温なため，原子核と電子がバラバラになった「プラズマ」という状態になっている。そして原子核どうしが猛烈なスピードで衝突し，核融合がおきている。

原子のイメージ※
電子
原子核（プラスの電気）

STEP 2

しかし，普通の物質では核融合反応はおきていない。物質を形づくっている原子は，中心に原子核があり，その周囲に電子が分布している。原子核は電子の"殻"におおわれているため，となり合う原子の原子核どうしが接近して融合することはないのだ。また，原子核はプラスの電気をおびているため，原子核どうしは電気的な力で反発し合う。しかし，量子論によると，トンネル効果によって，電子の"殻"や，原子核どうしの反発力による"障壁"をすり抜けて，原子核どうしが接近し，融合してしまうことが，ごくまれにおきうるというのだ。

STEP 3

2 大迫力のビジュアル 太陽系の終わり

このような現象はきわめてまれにしかおきないので,通常は無視できる。しかし,イギリス生まれのアメリカの物理学者フリーマン・ダイソン（1923～2020）の計算によると,10^{1500}年後という途方もない未来には,このようなトンネル効果などによって,あらゆる原子が鉄の原子になってしまうという。そのころに宇宙に残っている,原子からできた天体は,このページのイラストのように,すべて"鉄の星"になってしまうわけだ。さらに,$10^{10^{76}}$年後ごろには,鉄の星はさらに安定な中性子星またはブラックホールに変化すると予想されている。ただし,これは陽子崩壊（66ページ）がおきないとした場合の話である。

※：簡単に模式化した図であり,量子論にもとづいた原子の姿は,原子核のまわりを"電子の雲"が取り巻いているイメージになる。

2 大迫力のビジュアル　太陽系の終わり

Q&A

Q **なぜ宇宙背景放射の観測から宇宙の年齢がわかるのか？**

A 宇宙背景放射から宇宙の年齢をみちびきだす原理はシンプルだ。「距離÷速さ＝時間」だから，宇宙背景放射が発せられた場所から地球までの「距離」を宇宙背景放射の進む「速さ」で割れば，宇宙の年齢を求めることができる。

実際の大きさがわかっているものを使えば，その見かけの大きさから距離が計算できる。実は，宇宙背景放射の温度のむらの大きさは，計算によって求めることができる。つまり実際の大きさがわかるというわけだ。温度のむらを使って距離を計算した結果，宇宙背景放射が放たれた場所は地球から約450億光年の距離にあることがわかったのである。

1光年＝光が1年間で進む距離だから，宇宙の年齢は450億歳だと思うかもしれない。ここで，宇宙は膨張していることを思いだしてほしい。宇宙の年齢を求める際には，この分を補正する必要があるのだ。宇宙が膨張したことで，宇宙背景放射が旅した距離は約3.3倍に引きのばされていることがわかっている。そのため，宇宙の年齢は，450億年÷約3.3＝138億年（歳）と求められたのである。

Q **すべての恒星が超新星爆発をおこすわけではない？**

A 恒星の寿命は，実はどれも同じシナリオにはならない。その質量によって大きく変わってくるのだ。そのシナリオは大きく分けて4通りある。

まず，太陽の約0.08倍以下の質量の場合，質量が小さいため中心部の温度が核融合反応がおきるほど高くならない。重力によって収縮するときに熱を解放して赤外線で輝くが，そのエネルギーを使い果たしてしまうと，暗黒の天体「褐色矮星」となるため，寿命を定義することができない。

それより大きな質量をもつ恒星は，核融合反応をおこす。太陽と同じ一生をたどるのは，質量が太陽の約0.08〜8倍の星だけと計算されている。太陽くらいの質量の場合，その寿命はおよそ100億年だ。質量の大きな星は，それだけ核融合の燃料源である水素の量も多く，重い星ほど重力によって中心核が圧縮されるので高温になり，核融合反応がはげしくおきる。それだけ燃料の消費も速く，短命な一生を送ることになるのだ。

太陽の約0.08〜8倍の質量をもつ恒星は，42ページでみたように，最期は白色矮星になる。一方，それよりも質量が大きい恒星の場合は，超新星爆発をおこすことになる。

質量が太陽の約8〜25倍の恒星の場合，核融合反応は「水素からヘリウム」「ヘリウムから炭素・酸素」「炭素・酸素から酸素・ネオン・マグネシウム」……と進んでいき，最終的に鉄の中心核ができる。そこで核融合反応は止まり，重力によって収縮をはじめる。その後，自分自身の重力を支えられなくなって，星全体が崩壊し，超新星爆発をおこす。その中心には「中性子星」が残る。このような一生の場合，寿命は2000万年ほどになる。質量が太陽の約25倍以上の恒星の場合も同様に

超新星爆発をおこし，その中心には「ブラックホール」が残る。寿命は500万年ほどと，太陽の2000分の1以下になるのだ。

Q 超新星爆発をこの目で見られる日がくるかもしれない？

A オリオン座を形づくる恒星の一つに「ベテルギウス」がある。地球から500光年以上はなれた場所に位置する1等星である。このベテルギウスが，2019年の秋ごろから急速に暗くなりはじめ，2020年1月には2等星まで格下げになるという"事件"がおきた。ベテルギウスは明るさが変化する「変光星」だが，これほどまでに暗くなるのはきわめてめずらしいことである。

ベテルギウスは太陽よりもはるかに重く大きな「赤色超巨星」であり，一生の最期に「超新星爆発」をおこすと考えられている。そのため，明るさの大きな変化は，その前ぶれではないかと推測されたのだ。もしもベテルギウスが超新星爆発をおこせば，昼間でも見えるほどの明るさになると予想され，近年でもまれな天体ショーとなることだろう。ところがその後，ベテルギウスは明るさを取りもどしている。

ある研究結果では，ベテルギウスが超新星爆発をおこすまでには10万年以上の余裕があると推定されている。しかし，ベテルギウスがいつ超新星爆発するのかは，正確にはわからない。もしかすると今日，この瞬間に観測できる可能性もあるのだ。ただし，その日に爆発したことを意味するわけではない。その光は500年以上も宇宙を旅してきたものなのだ。

Q 太陽が遠い未来に「ダイヤモンド」のかたまりになる？

A 太陽はいずれ赤色巨星を経て，炭素と酸素でできた白色矮星となる。白色矮星となった太陽はどうなるのだろうか？

白色矮星は，太陽と同じ程度の質量をもちながら，大きさが太陽の100分の1程度という特殊な天体だ。この大きさは，ほぼ地球と同程度である。この天体の密度は現在の太陽の100万倍にもなり，1立方センチメートルあたり約2トンの密度をもつ。

白色矮星になった太陽は数億年かけて冷えていき，内部が高密度・高圧になる。すると，炭素原子が立体的な結晶構造をつくると予想される。炭素の立体的な結晶は地球にも存在する。それが貴重品の「ダイヤモンド」である。100億年後に太陽は宇宙に浮かぶ巨大なダイヤモンドへと変貌をとげるのだ（下のイラスト）。ただし，白色矮星の内部にできた炭素の結晶構造は地球のダイヤモンドよりも密度が高く，さまざまな点で性質はことなる。

白色矮星の内部で結晶がつくられることは理論的に予想されていたが，これまで観測で確かめることはむずかしかった。しかし，最近，天の川銀河の天体の配置図をつくることを目的とするESAの「ガイア衛星」の観測した膨大な白色矮星の中に，温度や年齢などから結晶化していると考えられるものがみつかったのである。1000億年後には，巨大なダイヤモンドと化した太陽が連れの惑星をなくし，孤独に宇宙をさまよっているかもしれないのだ。

出典：Tremblay, P.E., et al., Core crystallization and pile-up in the cooling sequence of evolving white dwarfs. Nature 565, 202–205, 2019
https://doi.org/10.1038/s41586-018-0791-x

3　暗黒の宇宙　銀河と天体の終わり

現在の太陽系は,天の川銀河の "郊外" に位置している

STEP 3

太陽系にはいくつか腕があるが,そのうちの「いて腕」の,さらに支流である「オリオン腕」に太陽系は位置している。その距離は,天の川銀河の中心から2万5600光年ほどだとされている。天の川銀河の中心からかなりはなれた場所であり,いわば天の川銀河の"郊外"のようなものだ。当然,太陽系も近くの星々といっしょに,ぐるぐると一周2億年程度かけて天の川銀河中心を周回しているのである。

銀河の中心方向
(いて座の方向)

太陽系の位置

オリオン腕

ベルセウス腕

3 暗黒の宇宙 銀河と天体の終わり

STEP 1

宇宙には私たちの住む天の川銀河を含めた，数多くの銀河が存在する。ここからは，銀河やそれを構成していた天体たちがどのような最期をむかえるのかみていこう。天の川銀河は1000億～数千億個の恒星の集まりである。円盤には渦巻模様があり，中心には球状の「バルジ」がある。バルジには，年老いた黄色い星が多く存在する。天の川銀河の円盤の直径はおよそ10万光年で，中心部の厚みは1万5000光年ほどである。

球状星団
バルジ
たて－ケンタウルス腕
いて腕

STEP 2

一方，渦巻模様の明るく見えるところは「腕」とよばれており，たくさんの星が誕生している場所だ。まるで，バルジに向かってこの腕が落ちこんでいるようにみえるが，実際は腕にいるたくさんの星と，星の材料となるガスは回転運動をしており，銀河を一周すると基本的には同じ場所にもどってくる。

3 暗黒の宇宙　銀河と天体の終わり

オリオン座も北斗七星も，大きく形を変えてしまう

STEP 3

オリオン座も時とともに大きく様変わりする。オリオン座の右肩に位置するアルファ星「ベテルギウス」は，オリオン座の恒星の中でもひときわ輝いて見える。ベテルギウスはオリオン座の中心部に位置する恒星の中で最も速い固有運動を示し，45万年間で4°ほどずれる。さらに，ベテルギウスは赤色巨星であり，100万年以内に「超新星爆発」をおこし，消滅する可能性があるのだ。また，オリオン座の左肩に位置するガンマ星の見かけの位置も大きく変わる。45万年後のオリオン座は両肩が不自然に引きのばされた形の星座か，右肩が失われたような格好の星座になってしまうのである。

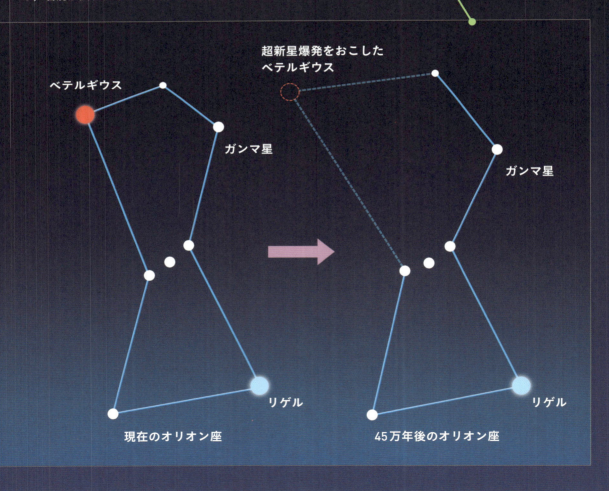

STEP 1

夜空には，オリオン座や北斗七星などの星座が広がっている。星座は恒星を結んでつくった図形だ。かつて恒星は，地球のような惑星とはちがい，まったく動かない星であると思われていた。しかし実際には，恒星は高速で宇宙空間を動いている。これは「固有運動」とよばれ，おのおのの恒星に固有のものだ。恒星が動いているようにみえないのは，恒星までの距離が何光年もあるため，その動きを短期間でとらえることができないからである。

現在の北斗七星

5万年後の北斗七星

10万年後の北斗七星

STEP 2

この固有運動によって，星座の形は長い時間の間に徐々に変化していく。たとえば北斗七星は現在，七つの星がひしゃくのようにつらなって見えている。しかし，5万年後，柄の先端の星は移動し，合（水をくむ部分）の先端は開きはじめる。10万年後，柄は完全に折れ曲がり，合の先端は完全に開く。ちょうどひしゃくをひっくり返したような形になってしまうのである。

3 暗黒の宇宙　銀河と天体の終わり

出典：ESA．https://www.esa.int/Science_Exploration/Space_Science/Gaia/The_future_of_the_Orion_constellation

3 暗黒の宇宙　銀河と天体の終わり

天の川銀河が別の銀河に衝突してしまう

STEP 1

天の川銀河から約250万光年はなれた場所には，約1兆個もの恒星が輝く「アンドロメダ銀河」がある。この二つの銀河は，実はたがいの重力によって急速に近づいていることがわかっている。約30億年後に二つの銀河は衝突をはじめ，約40億年後に中心部どうしが衝突し，そのまま通りすぎると考えられている。銀河が衝突すると，両銀河は，たがいの重力の影響を受けて，形が大きくくずれる。また，二つの銀河にあった星の材料（星間ガス）が濃縮され，たくさんの新しい星が生まれる。

約47億年後
ふたたび接近開始

アンドロメダ銀河

アンドロメダ銀河

アンドロメダ銀河

天の川銀河

天の川銀河

現在
銀河が接近

天の川銀河

約30億年後
衝突しはじめる

約40億年後
通り抜けて遠ざかる

アンドロメダ銀河

約60億年後
巨大楕円銀河へ

約56億年後
渦がほぼ消失

約51億年後
2度目の衝突

アンドロメダ銀河

天の川銀河

天の川銀河

3

暗黒の宇宙　銀河と天体の終わり

STEP 3

二つの銀河は衝突をくりかえすた
びに形がくずれ，細かい構造を
失っていく。約60億年後には渦
巻構造がなくなり，二つの銀河は
合体して巨大な「楕円銀河」にな
る。渦巻銀河だったときは，内部
の星々は銀河円盤内を比較的規則
正しく回転していたが，楕円銀河
になるとそういった特定の運動方
向はなくなる。この楕円銀河には，
「ミルキー・ウェイ」（天の川銀河
の英語での言い方）と「アンドロ
メダ」を合体させた「ミルコメダ
銀河」というニックネームがつい
ている。

STEP 2

約47億年後，一度遠ざかった両
銀河は，いったんはくずれた渦の
形を復活させながら，たがいの重
力に引き寄せられて，ふたたび近
づきはじめる。約51億年後には，
たがいの重力によって引き合い，
2度目の衝突がおきる。1度目の
衝突のときと同じく，接近の勢い
で両銀河はたがいを通り抜ける
が，やはりたがいの重力で引き合
い，再度接近する。こうして二つ
の銀河は，衝突→通り抜け→再接
近→衝突→…という一連の流れを
何度もくりかえしていく。

出典：NASA; ESA; Z. Levay and R. van der Marel, S⁻ScI; T. Hallas, and A. Mellinger）
https://www.nasa.gov/mission_pages/hubble/science/milky-way-collide.html

3 暗黒の宇宙　銀河と天体の終わり

1000億年後，銀河の集団は一つの超巨大な銀河へと成長する

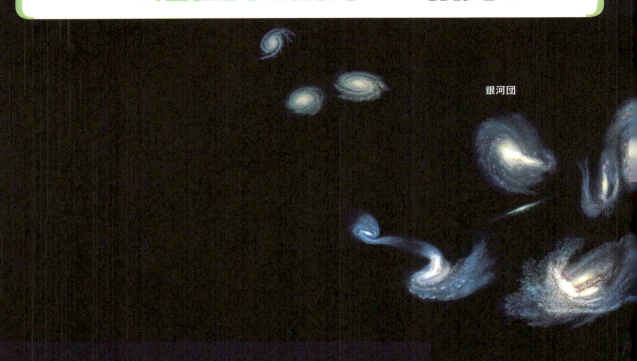

銀河団

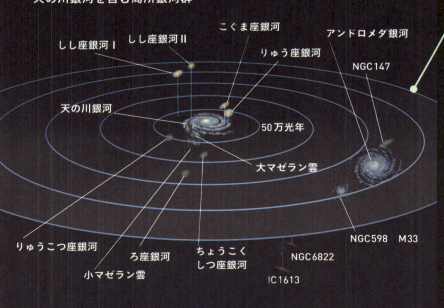

天の川銀河を含む局所銀河群

しし座銀河Ⅰ　しし座銀河Ⅱ　こぐま座銀河　アンドロメダ銀河
りゅう座銀河　NGC147
天の川銀河
50万光年
大マゼラン雲
りゅうこつ座銀河　ろ座銀河　ちょうこくしつ座銀河　NGC598　M33
小マゼラン雲　　NGC6822
IC1613

STEP 1

アンドロメダ銀河と天の川銀河は，「局所銀河群」とよばれる数十個の銀河からなる小規模な集団（銀河群）に属している。両者ともその中で群を抜いて大きな銀河であるが，そのまわりにも多くの矮小銀河が存在している。前ページでみたように，アンドロメダ銀河と天の川銀河は衝突・合体するが，局所銀河群に属するほかの数十の銀河もまた，この巨大な銀河の重力によって引き寄せられ，合体してしまうのだ。その結果，局所銀河群はただ一つの楕円銀河にまとまってしまうと考えられている。

STEP 2

銀河には銀河群以上に大規模な集団がある。それが「銀河団」である。銀河団は，100〜数千個の銀河から構成されており，たがいの重力によって結びついている。天の川銀河から最も近いのは，距離5900万光年の「おとめ座銀河団」だ。実は，これらの銀河団も，銀河どうしが衝突・合体をくりかえしていくことになる。1000億年後ごろには，銀河団が一つの超巨大な楕円銀河へと成長する。つまり，宇宙に無数に存在する銀河は，より少ない数の超巨大楕円銀河へとまとまっていくのだ。

さらに合体

超巨大楕円銀河
（銀河群や銀河団の銀河が合体したもの）

3 暗黒の宇宙 銀河と天体の終わり

3 暗黒の宇宙　銀河と天体の終わり

銀河はおたがいに
孤立していく

中心の超巨大楕円銀河A
から観測可能な範囲

超巨大楕円銀河A

STEP 1

銀河群や銀河団が超巨大楕円銀河へと成長した1000億年後ごろになると，超巨大楕円銀河の外は，非常にさびしい世界になってしまう。見える範囲には，ほかの銀河が一つも存在せず，超巨大楕円銀河は宇宙の中で孤立してしまうと考えられているのだ。しかし，実はほかの銀河は消滅してしまったわけでも，全部合体してしまったわけでもない。宇宙には，銀河団よりもさらに大規模な「超銀河団」などの構造もある。しかし，超銀河団どうしが将来的に一つの巨大な銀河にまとまることはないと考えられている。

STEP 2

そもそも，私たちは宇宙の全体が観測できている（見えている）わけではない。光の速さは秒速約30万キロメートルと有限だ。そして宇宙の歴史もまた138億年と有限である。そのため，宇宙誕生から現在までに光が届く距離も有限になるのだ（点線でえがいた範囲の内側）。つまり，138億光年※より先からは光が届かないので，原理的に観測不可能なのである。

中心の超巨大楕円銀河B
から観測可能な範囲

光の速さ

超巨大楕円銀河Aに対して
超巨大楕円銀河Bが遠ざかる速さ

超巨大楕円銀河B

STEP 3

宇宙の膨張速度が今と同じままであれば，1000億年後であろうとも，超巨大楕円銀河は宇宙の中で孤立することはない。しかし，宇宙の膨張速度は加速していることがわかっている。超巨大楕円銀河Bから発せられた光の速さ（黄色の矢印）より，超巨大楕円銀河Aに対して超巨大楕円銀河Bが遠ざかる速さ（赤色の矢印）のほうが速いため，光は決して超巨大楕円銀河Aには届かない。つまり，超巨大楕円銀河Bは超巨大楕円銀河Aからは決して見えないことになるのだ。

3

暗黒の宇宙　銀河と天体の終わり

※：これは宇宙の膨張を考慮しない場合の値だ。宇宙膨張を考慮に入れた場合，観測可能な範囲は450億光年程度になる。

3 暗黒の宇宙　銀河と天体の終わり

星が燃えつき，宇宙全体は真っ暗になっていく

STEP 1

恒星は重いものほど"燃焼効率"が高いため，寿命が短い。太陽の寿命は100億年程度と考えられているが，太陽の質量の10倍程度の重い恒星は，太陽よりも圧倒的に明るく輝き，わずか3000万年程度で燃えつきて死をむかえる。逆にいえば，軽い恒星ほど長寿命だといえる。太陽の質量の8〜50％程度の軽い恒星は，赤くて暗く，「赤色矮星」とよばれている。この赤色矮星が宇宙で最も長寿命の恒星である。

暗くなる →

輝く星が赤色矮星ばかり
になった超巨大楕円銀河

STEP 2

赤色矮星の寿命は，最長で10兆年程度にも達すると考えられている。そのため，44ページでみたように星の燃料となる軽い元素が銀河内でつきてくると，赤色矮星が銀河の輝きの大部分をになうようになっていき，銀河はどんどん暗くなっていくことだろう。赤色矮星の寿命は途方もない年月ではあるが，有限でもある。そのため，10兆年程度後には赤色矮星すら燃えつき，銀河，そして宇宙は，ほとんど輝きを失ってしまうと考えられるのだ。

暗くなる →

暗くなった
超巨大楕円銀河

赤色矮星すら燃えつき，
ほぼ真っ暗になった超巨大楕円銀河

3

暗黒の宇宙　銀河と天体の終わり

3 暗黒の宇宙　銀河と天体の終わり

ブラックホールにのみこまれた天体がときおり輝く

ブラックホール

ブラックホールに
のみこまれる物質の流れ

STEP 2

（恒星質量）ブラックホールは，太陽よりもずっと重い恒星が超新星爆発をおこしたあとに，元の恒星の中心部が収縮してできる天体である。あまりに強い重力のため，中心部は際限なく収縮していき，最終的には1点（特異点）につぶれてしまうと考えられている。この特異点の周囲には，強烈な重力によって光さえも脱出不可能な領域ができる。このブラックホールの強烈な重力（潮汐力）によって，天体は引き裂かれるのだ。天体の残骸はブラックホールの周囲をまわるなどしている間に摩擦によって加熱され，これが高温のガスとなって輝くのである。

3 暗黒の宇宙　銀河と天体の終わり

STEP 1

輝きを失った宇宙で銀河に残っている天体は，大小さまざまな「ブラックホール」，重い恒星のなれの果てである「中性子星」，軽い恒星のなれの果てである白色矮星が冷えて暗くなった天体（黒色矮星），そして褐色矮星や惑星，衛星，小惑星などだ。しかし，いつでもどこでも完全に真っ暗というわけではない。ときおり，ブラックホールが天体をのみこんだり，天体どうしが衝突したりする際に輝きを放つことがあるからだ。

破壊され，のみこまれる星

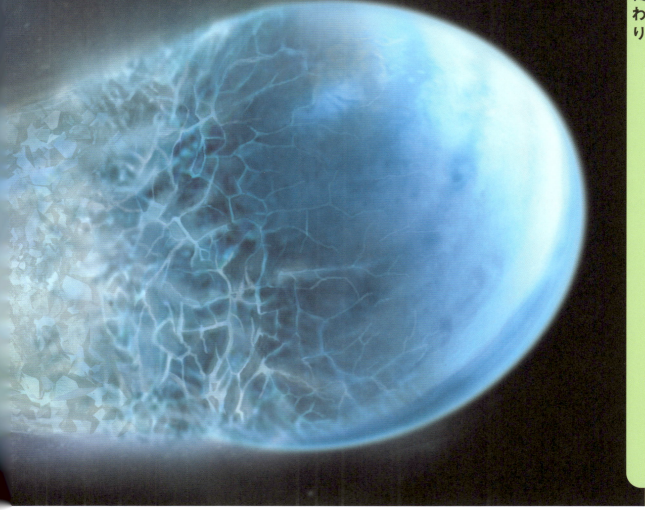

注：ブラックホールのイラストは，NASA（アメリカ航空宇宙局）の2019年9月26日発表のニュースリリース「NASA Visualization Shows a Black Hole's Warped World」の動画を参考にえがいた。

63

3　暗黒の宇宙　銀河と天体の終わり

銀河はちりぢりとなり，
巨大なブラックホールが残る

銀河の蒸発

超巨大楕円銀河

銀河から天体が
なくなっていく

さらに巨大化した
ブラックホール

銀河中心の
ブラックホール

STEP 1

天体たちは銀河の中でじっとしているわけではなく，つねに動いている。こうした天体どうしはまれに接近遭遇することもある。すると，たがいの重力の影響を受けてその軌道が変わってしまう。接近遭遇した天体の一方が勢いを失って銀河の中心に向かって"落下"していき，他方の天体が逆に勢いを得て銀河からはなれていく，といったこともおきる。こういったことがくりかえされることで，10^{20}年後ごろには銀河から天体が消え去り，銀河は"蒸発"するのだ。

STEP 2

一方，銀河の中心には一般に巨大なブラックホール（大質量ブラックホール）が存在している。その質量は太陽の質量の100万倍から数百億倍にも達する。現在の銀河団などからできる未来の超巨大楕円銀河の中心にも，大質量ブラックホールが鎮座しているはずである。天体どうしの接近遭遇などで銀河の中心に落ちていった天体の多くは，最終的には銀河中心のブラックホールにのみこまれてしまうことになる。

STEP 3

のみこまれていく天体には，恒星が超新星爆発をおこしたあとに残される小さなブラックホール（恒星質量ブラックホール）も含まれる。太陽の10倍の質量の場合，その半径（光が出てこられなくなる半径のこと）は30キロメートルほどになる。一方，大質量ブラックホールの場合，たとえば太陽の1億倍の質量のブラックホールの半径は，約3億キロメートルになる。こうして銀河中心の大質量ブラックホールは，のみこんだ天体の質量の分だけ，その大きさを増していくのだ。

のみこまれていく
小さなブラックホール

銀河中心の
巨大なブラックホール

ブラックホール
が大きくなっていく

3

暗黒の宇宙　銀河と天体の終わり

3 暗黒の宇宙　銀河と天体の終わり

陽子が崩壊し，物体は消滅していく

STEP 1

ブラックホールと中性子星以外の天体は原子からできている。原子は原子核とその周囲に分布する電子からできている。原子核はプラスの電気をおびた陽子と，電気をおびていない中性子が複数集まって構成されている。原子核の中では，中性子は通常，安定して存在することができるが[※1]，単独の中性子は不安定で，15分程度で複数の粒子に崩壊してしまう。一方，陽子は非常に安定な粒子で，通常は中性子のようにこわれることはない。

原子の消滅によって小さくなっていく →

岩石でできた小惑星

3 暗黒の宇宙 銀河と天体の終わり

STEP 2

しかし素粒子物理学によると，陽子も非常に長い年月がたつと崩壊をおこすと予想されている。陽子はまず，陽電子とπ^0中間子※2にこわれる。π^0中間子は不安定で，すぐに二つの光子（光の素粒子）にこわれる。また，陽電子は，周囲の電子と出合うと電子とともに消滅し，光子にかわる（対消滅）。これが「陽子崩壊」である。

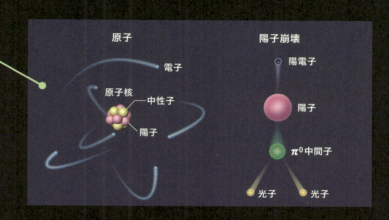

原子／陽子崩壊

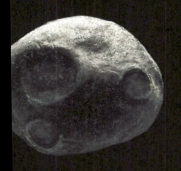

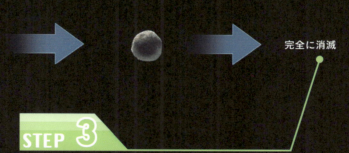

完全に消滅

STEP 3

原子核中の陽子や中性子が崩壊していけば，いずれ原子は消滅してしまうことになる。すると，原子からできている天体などのあらゆる物体も消滅していくことになる。つまり，銀河の蒸発の過程で銀河を飛びだしていったブラックホール以外の天体たちも，いずれは消滅してしまうと考えられるのだ。陽子の崩壊はまだ実験的に観測されておらず，陽子の寿命はよくわかっていないが，10^{34}年程度か，それ以上ではないかと考えられている。そのころには，宇宙からは陽子や中性子が消えていき，ブラックホール以外のあらゆる天体・物体が消滅していくことになるのだ。

※1：ただし中性子が過剰な原子核などでは崩壊をおこす。
※2：電気的に中性で，電子より重く，陽子や中性子より軽い粒子のこと。

3 暗黒の宇宙　銀河と天体の終わり

ブラックホールもやがて蒸発し,消滅する

STEP 2

ブラックホールの温度は，現在の宇宙背景放射の温度よりも低いので，ブラックホールから出ていく熱放射よりも，ブラックホールに入っていく宇宙背景放射のエネルギーのほうが大きくなっている。しかし宇宙の膨張が進むと，宇宙背景放射はどんどん波長が長くなり，温度が低くなっていく。今から数千億年もたつと，太陽程度の質量の小さなブラックホールの温度よりも，宇宙背景放射のほうが温度が低くなる。するとブラックホールから出ていく熱放射のエネルギーのほうが大きくなるのだ。

ブラックホールにのみこまれる宇宙背景放射

STEP 3

ブラックホールの温度は，ブラックホールが軽いほど高くなる。そのためブラックホールは，ゆっくりと蒸発を開始し，質量を減らしていくにつれて徐々に温度が上がっていき，蒸発のスピードを増していくことになる。そして最終的には，爆発的な勢いで光やさまざまな素粒子を放出し，消滅してしまうと考えられている。太陽程度の質量の小さなブラックホールの場合の寿命は約 10^{67} 年，銀河の中心にある大質量ブラックホールの寿命はなんと 10^{100} 年と予想されている。

STEP 1

ブラックホールも永遠の存在ではない。ブラックホールの周囲にのみこむものがなくなると、ブラックホールはそれ以上大きくなれなくなる。そうなると、ブラックホールは光や電子などを放出して、少しずつ軽く、小さくなって"蒸発"していくことになる。ブラックホールの蒸発は一種の熱放射[※1]とみなすことができる。つまりブラックホールもある種の温度をもつのだ。

3 暗黒の宇宙 銀河と天体の終わり

ブラックホール

ブラックホールの
熱放射による光

※1：炭などの物体を熱すると赤くなって光を発する現象のこと。

3 暗黒の宇宙　銀河と天体の終わり

Q&A

Q/ 銀河が衝突したら，惑星や恒星どうしも衝突する？

A/ 　銀河どうしが衝突しても，恒星どうしや惑星どうしが衝突する可能性は低い。なぜなら，銀河内部の星の個数密度はきわめて低く，銀河内の空間は，いわば「すかすか」だからだ。仮にどこかの銀河をめがけて高速で石を投げたとしても，銀河にある恒星の表面にぶつからず，そのまま通り抜ける確率が高い。したがって，30億年後にアンドロメダ銀河と天の川銀河が衝突をはじめても，二つの銀河にある数千億個の恒星のほとんどは，何にもぶつからずにほぼ無傷のままだろう。

　しかし，この衝突によって恒星やガスなどの銀河にある物質の軌道や位置は変化してかき乱されると考えられている。これは銀河にある物質が，たがいに重力によって結びつき合っているからだ。複数の天体が集まる惑星系などでは，近くをかすめる別の天体に惑星などの天体を奪われるかもしれない。

Q/ なぜ銀河が接近しているとわかるのか？

A/ 　銀河が近づいているかどうかは，私たち観測者と観測対象（アンドロメダ銀河）を結ぶ方向，すなわち私たちの視線方向の銀河の動きを調べることでわかる。視線方向の銀河の動きは，比較的簡単に，精度よく求めることができる。それは，銀河から届く光に生じる「ドップラー効果」を利用できるからだ。

　ドップラー効果とは，動いている物体から発せられた光や音が，発せられたときとはことなる波長で観測される現象だ（右の図）。走行する救急車のサイレンの音が，近づいているときは高く，遠ざかるときは低く変化して聞こえるのも，ドップラー効果によるものである。

　光（可視光）は，波長が短いほうから，紫，藍，青，緑，黄，橙，赤の色が並んでいる。もし銀河が遠ざかっているのであれば，ドップラー効果によって光の波長は長くなる。もともと黄色だった光は，赤みがかった光として観測される。これを「赤方偏移」という。逆に銀河がこちらに近づいているようなら，もともと黄色だった光は青みがかって観測される。これを「青方偏移」という。

　しかし，銀河から発せられた「本来の色」がわからなければ，観測者には色が変化したのかどうかがわからない。この「本来の色」には，原子や分子が放出したり吸収したりする固有の光（スペクトル線）が利用される。たとえば，水素原子が発する光の成分を分析すると，赤や青，紫などの特定の波長（色）をとくに強く含むことがわかっている。水素はごくありふれた元素なので，銀河から届く光の中には，基本的に水素原子が出す光が含まれている。そして，水素原子自体のスペクトル線の波長は，宇宙のどこだろうと変わらない。そのため，銀河から届いた光の中に含まれる水素原子のスペクトル線が，赤と青のどちら側にずれているかを調べることで，ドップラー効果の影響を知ることができるというわけだ。

アンドロメダ銀河から届くスペクトル線を分析すると，ドップラー効果によって青く変化していることがわかった。つまり，こちらに接近しているといえるのである。

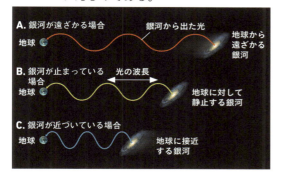

Q ブラックホールの蒸発はなぜおこる？

A ブラックホールの蒸発を提唱したのは，「車椅子の宇宙物理学者」とよばれたスティーブン・ホーキング（1942～2018）だ。ホーキングは1974年，量子力学にもとづいて，ブラックホールに関する新しい理論を発表した。それが，ブラックホールは「ホーキング放射」によって蒸発する，というものである。

ホーキングによれば，光も脱出できないはずのブラックホールも，量子力学的効果により，微弱な光を放っているという。量子力学にもとづけば，空っぽの空間（真空）でもつねに粒子と反粒子の生成（対生成）と消滅（対消滅）がおきている。ブラックホールの表面（事象の地平面）近くでは，対生成によって生まれた粒子と反粒子の片方がブラックホールの内側に落ち，もう片方が外側へ飛びだすことがある。このようすをブラックホールの外側の観測者が見ると，ブラックホールが粒子と反粒子を放出しながら，質量を失って蒸発していくようにみえるのだ。これがホーキング放射である。

この現象によってブラックホールは少しずつエネルギーと質量を失い，ち

ぢんでいくという。また，小さなブラックホールほどホーキング放射の効率が高く，ブラックホールが小さくなるにつれて放射はしだいに強くなる。微粒子の大きさにまでちぢんだブラックホールは，最期に爆発的にエネルギーを放って消滅してしまうという。この一連の出来事が，ブラックホールの蒸発という現象なのである。

Q 天の川銀河の中心にもブラックホールが存在する？

A ブラックホールは大きく2種類存在する。太陽質量の約25倍以上の恒星が超新星爆発をおこしたあとに生まれる「恒星質量ブラックホール」と，銀河の中心に存在する「大質量ブラックホール」である。

私たちが住む天の川銀河の中心にも，大質量ブラックホールが存在する。それが「いて座A*（エースター）」である。ブラックホール自体の大きさは半径およそ1000万キロメートルとされ，その質量は太陽の400万倍あるとされる。

2022年5月には，そのいて座A*を直接とらえた画像が公開された。撮影に成功したのは国際共同研究プロジェクト「イベント・ホライズン・テレスコープ（EHT）」で，世界に点在する複数の電波望遠鏡の観測データをつなぎ合わせて観測されたものだ。これにより，天の川銀河の中心に存在するいて座A*が大質量ブラックホールであることがはじめて証明されたのである。

なお，ビッグバン直後の宇宙が熱かった時代にブラックホールできた可能性も，近年原始ブラックホールとして活発に研究されている。

4 イラストでみればちがいがわかる 宇宙の終わりのシナリオ

宇宙を加速膨張させる「ダークエネルギー」

STEP 2

一般相対性理論にもとづいて考えると，宇宙の膨張速度は徐々に遅くなっているはずであった。天体などの重力が，空間の膨張を引きもどす作用（引力の作用）をおよぼすことがわかっていたからである。ところが20世紀の終わりごろ，宇宙の遠方の超新星爆発の観測によって，実際の宇宙の膨張速度は加速していることが明らかになったのだ。この結果から，通常の重力とは逆に，空間を押し広げる作用（斥力の作用）をもつ"何か"＝ダークエネルギーが，宇宙空間を満たしていると考えざるをえなくなったのだ。

STEP 1

ここからは，宇宙がどのような最期をむかえるのか，その瞬間にせまっていこう。このイラストのように宇宙が膨張していることは，ハッブルらによって明らかにされている。宇宙の未来は，この膨張速度が今後どうなるかによってシナリオが変わる。そのかぎをにぎっているのが，「ダークエネルギー」である。ダークエネルギーとは，宇宙空間をあまねく満たしていると考えられている，正体不明のエネルギーのことだ。そしてこのダークエネルギーが，宇宙の膨張を加速させているといわれている。

宇宙の一部

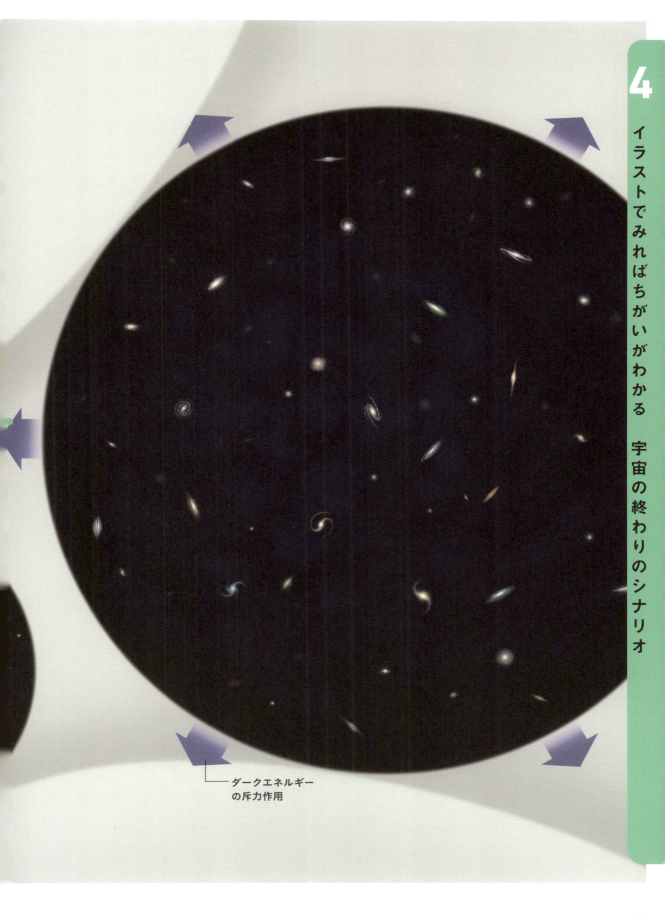

4 イラストでみればちがいがわかる 宇宙の終わりのシナリオ

ダークエネルギーの斥力作用

4 イラストでみればちがいがわかる 宇宙の終わりのシナリオ

膨張しても薄まらない「負の圧力」をもつ

STEP 1

右のイラストは，ある空間（立方体で表現）が通常の物質のガスで満たされているようすを示している。ガスの分子が赤色の点で表現されている。この空間が膨張するとどうなるだろうか。当然，その中の物質は，ふえた空間の分だけ薄まる（密度が下がる）ことになる。空間が膨張しても，中の物質の量（質量）はふえないからだ。

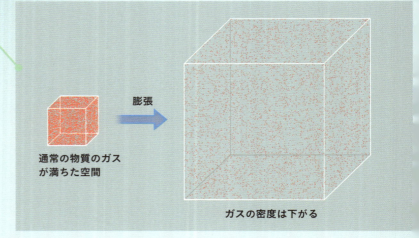

通常の物質のガスが満ちた空間 　膨張　 ガスの密度は下がる

STEP 2

ダークエネルギーの正体は不明だが，空間自体がエネルギーをもった状態なので，空間が膨張しても同じ密度をもった空間が広くなるだけで，全エネルギーは空間の体積に比例してふえていく。つまり，空間がふえた分だけ，ダークエネルギーがどこからともなくわきでてくるようにみえるのである。ダークエネルギーは負の圧力をもっているので，全エネルギーがどんどんふえてもエネルギー保存則に矛盾しているわけではない。

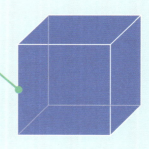

ダークエネルギーが満ちた空間　　膨張

STEP 3

ただし，空間が膨張したときに，ダークエネルギーの密度がまったく変わらないのか，わずかに変化するのかはよくわかっていない。理論的にいちばん単純なのは，ダークエネルギーの密度がつねに一定というケースだ。これまでの天文観測によれば，ダークエネルギーの密度は誤差の範囲(はんい)で一定のようである。これが正しければ，宇宙の加速膨張は将来にわたって同じようにつづくことになる。しかし，より精密に測定すれば，わずかにダークエネルギーの密度が変化していることが判明するかもしれない。仮にダークエネルギーの密度が時間とともに上がっていた場合，宇宙膨張の加速はさらに勢いを増していくことになる。逆にダークエネルギーの密度が時間とともに下がっていた場合は，宇宙膨張の加速が勢いを弱めていくことになる。

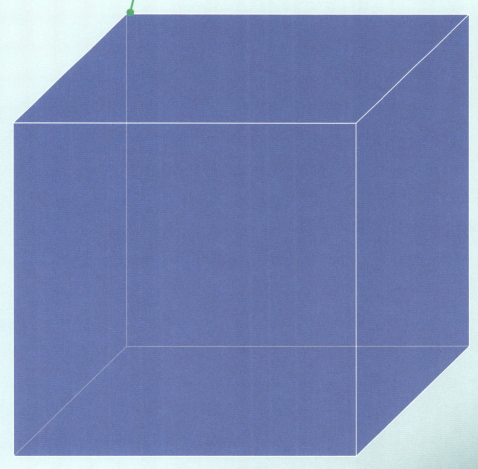

ダークエネルギーの密度は変わらない

4 イラストでみればちがいがわかる 宇宙の終わりのシナリオ

4 イラストでみればちがいがわかる 宇宙の終わりのシナリオ

宇宙の終わり 第1のシナリオ 「ビッグフリーズ」

STEP 1

宇宙の終わり一つ目のシナリオは，ダークエネルギーの密度が一定だった場合の宇宙である。これまでに紹介してきた宇宙の未来は，このシナリオにもとづいたものだ。陽子崩壊がおき，ブラックホールも蒸発しつくしたあとの宇宙は，いくつかの素粒子が飛びかうだけの世界となってしまう。この段階で残っている素粒子は，「電子」，電子の反粒子である「陽電子（反電子）」，光（電磁波）の素粒子である「光子」，電気的に中性の素粒子である「ニュートリノ」，そして「ダークマターの粒子」くらいだと考えられている。これらは，崩壊しない安定な素粒子だとされる。

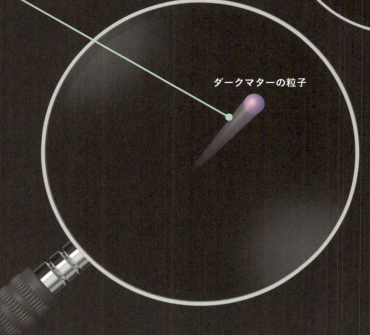

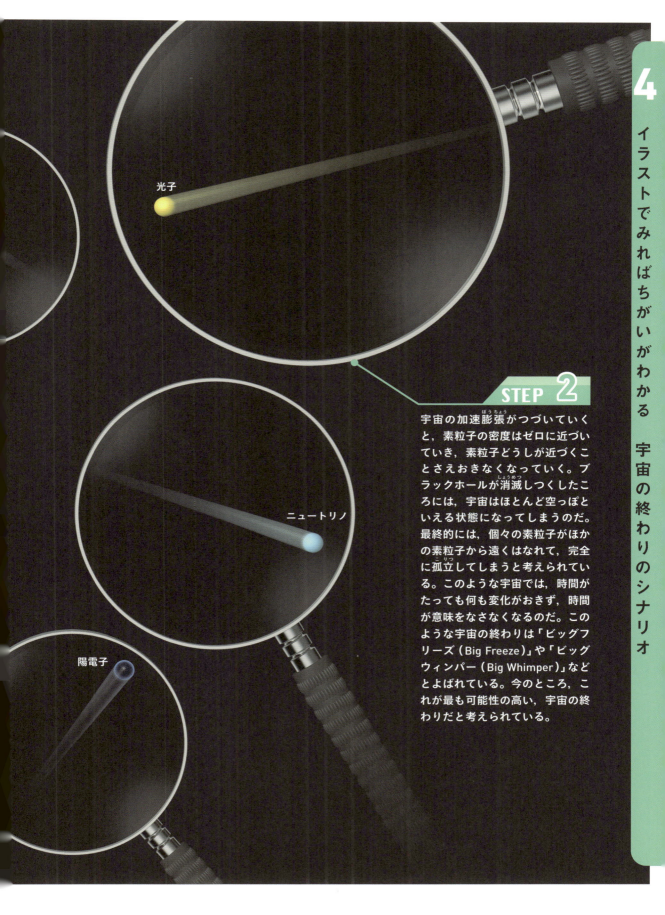

STEP 2

宇宙の加速膨張がつづいていくと，素粒子の密度はゼロに近づいていき，素粒子どうしが近づくことさえおきなくなっていく。ブラックホールが消滅しつくしたころには，宇宙はほとんど空っぽといえる状態になってしまうのだ。最終的には，個々の素粒子がほかの素粒子から遠くはなれて，完全に孤立してしまうと考えられている。このような宇宙では，時間がたっても何も変化がおきず，時間が意味をなさなくなるのだ。このような宇宙の終わりは「ビッグフリーズ（Big Freeze）」や「ビッグウィンパー（Big Whimper）」などとよばれている。今のところ，これが最も可能性の高い，宇宙の終わりだと考えられている。

4 イラストでみればちがいがわかる 宇宙の終わりのシナリオ

4 イラストでみればちがいがわかる
宇宙の終わりのシナリオ

宇宙がトンネル効果によって生まれ変わる？

ビッグフリーズに
達した宇宙

STEP 1

ビッグフリーズに達した宇宙がさらに遠い将来，小さな宇宙に生まれ変わるという予言をしている研究者もいる。「無からの宇宙創生論」を提唱したビレンキン（10ページ）らである。ビッグフリーズに達した宇宙は，空間があまりにも大きく膨張してしまっているため，素粒子の密度がゼロの状態と区別がつかない状態になるといわれている。そして，このような宇宙はトンネル効果（28ページ）によって，ミクロサイズの宇宙に"生まれ変わる"可能性があることを，計算によってみちびいたというのである。このようなことがおきる確率はきわめて低いが，宇宙が限りなく加速膨張をつづけていれば，遠い将来にはいずれおきることになるとされる。

4 イラストでみればちがいがわかる 宇宙の終わりのシナリオ

広大な宇宙とミクロな宇宙をへだてる仮想的な壁のイメージ

トンネル効果

ミクロな宇宙

インフレーション（超急激な膨張）

STEP 2

こうして生まれたミクロな宇宙は，ダークエネルギーと似た，空間を加速膨張させるエネルギーに満ちたものになる。しかもダークエネルギーよりも圧倒的に大きなエネルギーをもち，猛烈な勢いで空間が膨張していく。これは宇宙誕生時におきたとされるインフレーションと同様のものだ。そして新たな宇宙の歴史がスタートする。ただし，生まれ変わった宇宙は，私たちの宇宙とは，素粒子の種類や質量など，さまざまな面でことなっている可能性がある。そのような宇宙で恒星や銀河が誕生するのか，生命が誕生するのかはよくわからないのだ。もしこの仮説が正しいのなら，私たちが今いるこの宇宙も，生まれ変わりを経たあとの宇宙なのかもしれない。

4 イラストでみればちがいがわかる 宇宙の終わりのシナリオ

宇宙の終わり 第2のシナリオ「ビッグクランチ」

STEP 1

宇宙の終わり二つ目のシナリオは，ダークエネルギーの密度が今後低下していく場合の宇宙である。低下の割合が小さければ，宇宙の膨張は永遠につづき，これまでに紹介した宇宙の未来とほぼ同じ結末をむかえることになる。しかし低下の割合が極端に大きく，ダークエネルギーが「負のエネルギー」をもつようになると，ダークエネルギーが空間の膨張を引きもどそうとする，引力の作用をもつようになるのだ。そうなると，宇宙の膨張はいずれ止まってしまい，宇宙はその後収縮に転じるという。

宇宙膨張が止まる

宇宙が膨張をつづける

宇宙の一部

4 イラストでみればちがいがわかる 宇宙の終わりのシナリオ

負のエネルギーをもつ
ダークエネルギーの
引力作用

宇宙が
収縮する

STEP 2

宇宙が収縮していくと，銀河はどんどん合体していくことになる。一方，銀河中心のブラックホールは，銀河の星々などをのみこんでいき，巨大化していく。そして宇宙は巨大なブラックホールだらけになってしまうのだ。また，宇宙を満たしているビッグバンの残光である宇宙背景放射は，空間の収縮にともなってどんどん波長が短くなっていく。これは，宇宙の温度が上がっていくことを意味する。その結果，宇宙は超高温の世界と化し，宇宙全体が光り輝くことになる。

ブラックホールだらけ
になった高温の宇宙

ビッグクランチ
（宇宙の終わり）

STEP 3

超高温の宇宙の中で巨大ブラックホールどうしは合体していき，最終的には宇宙空間全体が1点につぶれて，宇宙は終焉をむかえる。このような宇宙の終わりは「ビッグクランチ（Big Crunch）」とよばれている。ビッグクランチによって，宇宙は無に帰すことになるのである。

4 イラストでみればちがいがわかる 宇宙の終わりのシナリオ

宇宙はビッグクランチとビッグバンをくりかえす

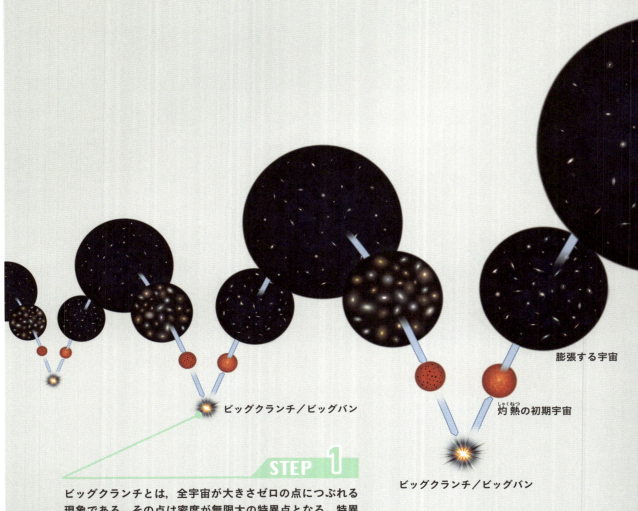

膨張する宇宙

灼熱の初期宇宙

ビッグクランチ/ビッグバン

ビッグクランチ/ビッグバン

STEP 1

ビッグクランチとは，全宇宙が大きさゼロの点につぶれる現象である。その点は密度が無限大の特異点となる。特異点では，時間と空間と重力の理論である一般相対性理論がなりたたず，その予言能力が失われてしまう。つまり，厳密にいうと，現代物理学では，ビッグクランチ後の宇宙が無に帰すかどうかはわからないのだ。ここで，1章で紹介した，宇宙のはじまりを思いだしてほしい。小さな宇宙，高温，高密度。このような状態が宇宙の初期にもあったはずだ。そう，ビッグバンである。収縮する宇宙では，まるで誕生直後の段階にまで逆もどりしているかのようである。

4 イラストでみればちがいがわかる 宇宙の終わりのシナリオ

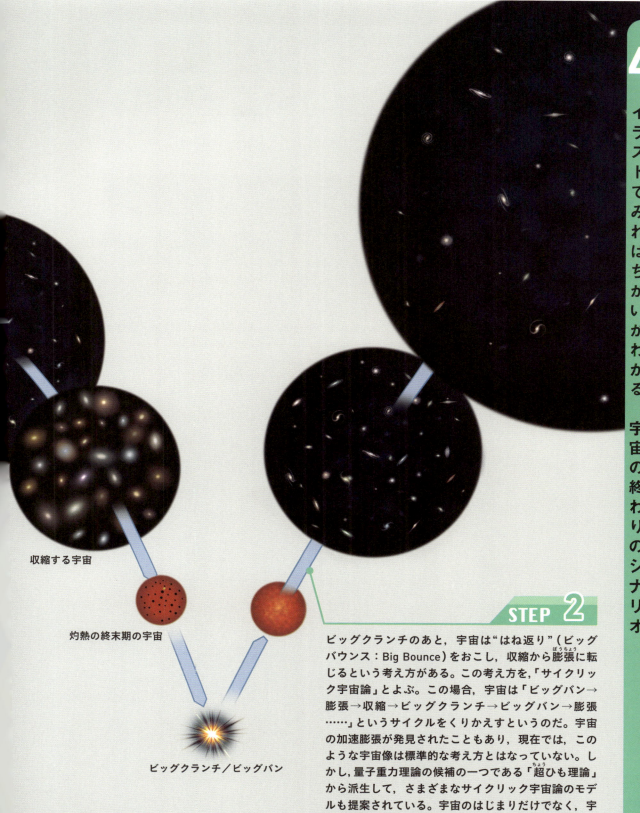

収縮する宇宙

灼熱の終末期の宇宙

ビッグクランチ／ビッグバン

STEP 2

ビッグクランチのあと，宇宙は"はね返り"（ビッグバウンス：Big Bounce）をおこし，収縮から膨張に転じるという考え方がある。この考え方を，「サイクリック宇宙論」とよぶ。この場合，宇宙は「ビッグバン→膨張→収縮→ビッグクランチ→ビッグバン→膨張……」というサイクルをくりかえすというのだ。宇宙の加速膨張が発見されたこともあり，現在では，このような宇宙像は標準的な考え方とはなっていない。しかし，量子重力理論の候補の一つである「超ひも理論」から派生して，さまざまなサイクリック宇宙論のモデルも提案されている。宇宙のはじまりだけでなく，宇宙の終わりを議論するためにも，一般相対性理論と量子論を融合させた理論が必要なのだ。

4 イラストでみればちがいがわかる 宇宙の終わりのシナリオ

宇宙の終わり 第3のシナリオ「ビッグリップ」

STEP 1

宇宙の終わり三つ目のシナリオは、ダークエネルギーの密度が今後上昇していく場合の宇宙である。現在宇宙はゆるやかに膨張しているが、それによって銀河がバラバラになることはない。宇宙膨張の効果よりも、銀河を構成する物質による重力で結びつく力のほうが強いため、銀河は膨張しないのだ※。しかし、ダークエネルギーの密度が上がると、宇宙膨張の効果はいずれ銀河団を構成している銀河どうしの重力の効果を上まわり、銀河団をちりぢりにしてしまうという。その後、銀河を構成している恒星たちもちりぢりになっていき、さらに時間が進むと、太陽系のような惑星系も膨張してちりぢりになってしまうのだ。

銀河　　　　　　　　　原子
　　　　　　　　　　　電子
　　　　　　　　　　　原子核

4 イラストでみればちがいがわかる 宇宙の終わりのシナリオ

STEP 2

また,現在の宇宙膨張速度では,地球や私たちの体がふくらんでバラバラになることもない。地球はみずからの重力で一つのかたまりをつくっており,私たち人間を含む地上の物体も引きつけている。一方,地上のあらゆる物体は,重力よりもはるかに強い電磁気力によって形づくられている。こうした力は,宇宙膨張の効果よりもずっと大きく作用するため,地球や人間も膨張しないのである。しかしダークエネルギーの密度が上昇すると,物質どうしを結びつけている力を空間の膨張の作用が上まわってしまう。地球や人間などの固体の物体もふくらんで破壊されてしまうのだ。

STEP 3

最終的には原子や原子核すらもふくらんで破壊されてしまう。あらゆる構造が空間の膨張によって引き裂かれ,空間の膨張速度は無限大に達し,宇宙は終焉をむかえるのだ。このような宇宙の終わりは「ビッグリップ(Big Rip)」とよばれる。何年後にビッグリップがおきうるのかは,ダークエネルギーの密度がどのように上がっていくかしだいなので一概にはいえないが,どんなに早くても1000億年以上は先になると考えられている。

※:ただし銀河団より大きなスケールでは,宇宙膨張の効果が重力に勝って,銀河団どうしはどんどんはなれていく。

4 イラストでみればちがいがわかる
宇宙の終わりのシナリオ

いつかおとずれるかもしれない「真空崩壊」

STEP 1

宇宙の終わりのシナリオは，これまでに紹介した三つ以外にも存在する。その一つが，「真空崩壊」である。現代物理学によると，現在の宇宙の真空は"偽の真空"の状態であるかもしれず，よりエネルギーが低い"真の真空"の状態が存在する可能性があることがわかってきた。この"偽の真空"から"真の真空"へと真空の状態が変化するのが真空崩壊である。真空の状態が変わると，素粒子の質量や，素粒子の間にはたらく力の強さといった物理法則が書きかわってしまうという。

膨張する"真の真空の泡"

4 イラストでみればちがいがわかる 宇宙の終わりのシナリオ

STEP 2

真空崩壊は宇宙全体でいきなりおきるのではなく，まず小さな"真の真空の泡"ができる。そしてこの泡は光速に近い速さで膨張していき，宇宙をのみこんでいく。この場合，空間自体は残るが，原子は形を保てず，既存の物体はすべてくずれ去ってしまうだろう。真空崩壊がおきる確率は，理論にもとづいて考えると，10の数百乗年に1回程度だとされ，私たちの生涯のうちに真空崩壊がおきる心配はまずない。ただし，現代物理学では，真空の性質についてまだ完全に理解できていないため，この確率の見積もりは今後，大きく変動する可能性もあるのだ。

4 イラストでみればちがいがわかる宇宙の終わりのシナリオ

真空崩壊がおきる可能性はどれくらいあるのか

二つの真空の間にある
エネルギーの山

現在の真空（偽の真空）

現在の真空状態の宇宙

水が斜面の高い場所から低い場所に流れるように，真空も低いエネルギー状態に向かおうとする。しかし現在の真空（偽の真空）は，いわば"くぼ地の底"にあるため安定した状態に保たれており，真の真空との間には大きな「エネルギーの"山"」がある。真空崩壊をおこすには，この山をこえるエネルギーが必要になるのだ。地球の周囲では，高いエネルギーをもつ宇宙線が大気に含まれる気体分子と頻繁に衝突している。それによって，世界最高水準の加速器をもってしてもつくりだせないほどのエネルギーが発生しているが，今のところ地球は"真の真空"にのみこまれていない。

STEP 1

真空とは，空間から原子や光などを取り除いた"空っぽの空間"のことをさす。現代物理学によると，ありとあらゆる粒子を取り除き，ほんとうの真空が実現できたとしても，空間には何らかのエネルギーが残ると考えられている。これ以上取り除くことのできない，空間に残されたエネルギーのことを「真空のエネルギー」とよぶ。これは現在の宇宙に存在するダークエネルギーと同じ性質をもったものである。

STEP 3

二つの真空の間にあるエネルギーの山が十分に高いなら，たとえ"真の真空"の状態が存在していたとしても，真空崩壊がおきることはないように思える。しかし，トンネル効果（28ページ）を考えると，偽の真空は永久に安定ではなくなる。くぼ地と斜面をへだてている"山"をすり抜け，真の真空に向かう可能性があるのだ。ただし，トンネル効果によって真空崩壊した領域が小さすぎると，真空崩壊した領域を保つよりも，元の真空のほうが全体としてはエネルギーが得になるため，"真の真空の泡"は発生しない。もしかすると，私たちの知らないところで，小さなサイズの真空崩壊が何度も発生と消滅をくりかえしているのかもしれない。

真の真空

真の真空状態の宇宙

4 イラストでみればちがいがわかる 宇宙の終わりのシナリオ

4 イラストでみればちがいがわかる 宇宙の終わりのシナリオ

宇宙は無限に存在する可能性がある

STEP 1

誕生後に宇宙が急激な膨張をとげたとするインフレーション理論から派生して生まれた理論に,「マルチバース宇宙論」がある。インフレーションモデルによると,インフレーション中の宇宙の中で,一部の空間が急に別の宇宙（子宇宙）に変化し,新たにインフレーションしはじめることがあるという。子宇宙からは孫宇宙が,孫宇宙からはひ孫宇宙が生まれると考えられており,このように永遠につづくインフレーションのことを「永久インフレーション」とよぶ。

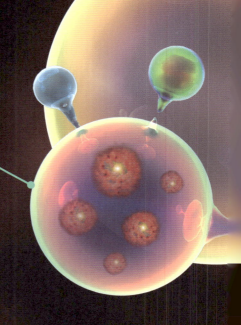

私たちと同じ親宇宙から生まれた"兄弟"の宇宙

STEP 2

恒星や銀河,銀河団などの私たちの宇宙でみられる構造ができるには,宇宙の真空のエネルギーの密度がゼロに近い,小さな値である必要がある。密度がそれより大きくても小さくても,今の宇宙は存在しえないのだ。そうなると,まるで私たちのために宇宙がデザインされているように感じるかもしれない。しかし,この理論によると宇宙は無数に存在することになる。そして,子宇宙は親宇宙とはちがった物理法則（真空のエネルギー）をもつと考えられている。その中には私たちにとってちょうどよい真空のエネルギーをもつ宇宙もあるはずだというわけだ。

4 イラストでみればちがいがわかる 宇宙の終わりのシナリオ

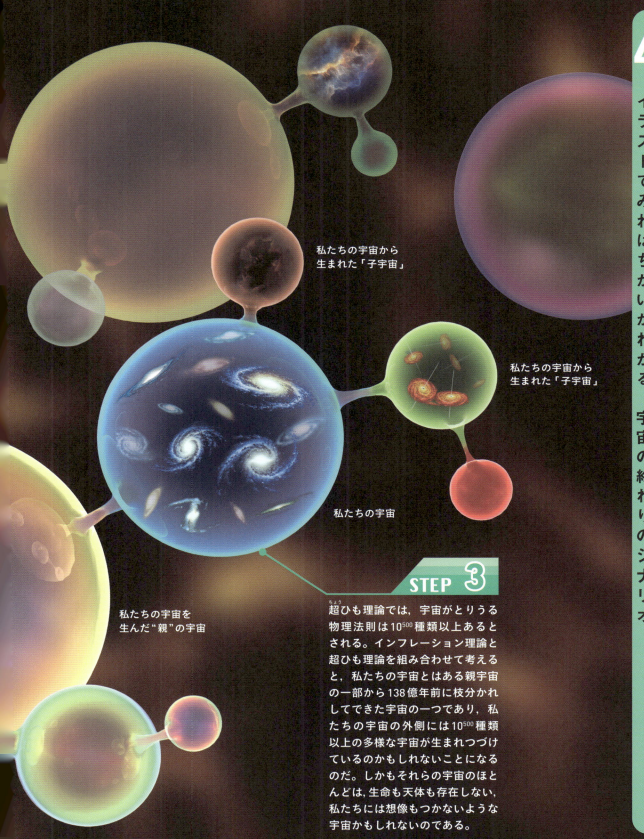

私たちの宇宙から生まれた「子宇宙」

私たちの宇宙から生まれた「子宇宙」

私たちの宇宙

私たちの宇宙を生んだ"親"の宇宙

STEP 3

超ひも理論では，宇宙がとりうる物理法則は 10^{500} 種類以上あるとされる。インフレーション理論と超ひも理論を組み合わせて考えると，私たちの宇宙とはある親宇宙の一部から138億年前に枝分かれしてできた宇宙の一つであり，私たちの宇宙の外側には 10^{500} 種類以上の多様な宇宙が生まれつづけているのかもしれないことになるのだ。しかもそれらの宇宙のほとんどは，生命も天体も存在しない，私たちには想像もつかないような宇宙かもしれないのである。

4 イラストでみればちがいがわかる
宇宙の終わりのシナリオ
Q&A

Q/ 宇宙はほぼ未知の物質やエネルギーでできている?

A/ 宇宙背景放射の観測データから求められるのは宇宙の年齢だけではない。宇宙に含まれる「成分」の内訳も求めることができるのだ。宇宙背景放射は宇宙誕生から約38万年後に放たれた光だ。当時の宇宙は灼熱状態で、まばゆい光と、電子や陽子などの物質が"ごった煮"の状態であった。この中にどれだけの"具"(=物質)が含まれていたかで、宇宙背景放射の波長が変わると考えられているのだ。

宇宙背景放射を分析した結果、原子などの通常の物質は、全宇宙の成分のほんの5%でしかないことがわかっている。そして、26%が正体不明の物質「ダークマター(暗黒物質)」であり、残りの69%は正体不明のエネルギー「ダークエネルギー(暗黒エネルギー)」だとされているのだ(比率はESAのPlanck衛星の観測結果による)。宇宙は私たちの目に見えない物質やエネルギーに満ちあふれているのだ。

Q/ ダークマターとは何か?

ダークマターは実に不思議な性質をもっている。まず、ダークマターの姿は、見ることができない。それは、ダークマターが光を出さないからだ。人の目に見える可視光線だけでなく、電波やX線などのあらゆる電磁波を放ったり吸収したりしない。そのため、電磁波ではダークマターをとらえることができないのだ。また、ダークマターは電気をおびていないため、普通の物質(原子で構成された物質)とはぶつからずに、すり抜けていくのである。

では、見えもしないダークマターが、なぜ「ある」と考えられているのだろうか。実は、ダークマターには重さ(質量)があり、周囲に重力をおよぼす。たとえば、銀河の集まりである銀河団の質量は、個々の銀河の運動速度などから推定することができる。しかし、目に見える物質だけでは銀河団全体の質量をまかなえないのだ。そこで何らかの目に見えない物質、つまりダークマターが銀河団に分布していると考えられるようになったのだ。宇宙には通常の物質の5倍もの質量のダークマターが存在しているとみられている。ダークマターは銀河をすっぽりと包みこむようにかたまって分布していると考えられている。このダークマターが銀河と銀河を衝突させている"黒幕"とも考えられているのだ。

ダークマターの正体は未発見の素粒子とする説が有力である。現在の素粒子物理学では、電子や光子、クォークなど17種類が確認されている。それらとは別の、未知の素粒子であればダークマターを説明できるかもしれないという。候補の一つに「WIMP」とよばれる素粒子がある。ほかの粒子とわずかに相互作用することと、質量が大きいことが特徴の未知の素粒子である。しかし、巨大加速器などの実験でもまだ検出には至っていない。ほかにも「原始ブラックホール」など、さまざまな候補が考えられている。

Q ダークマターとダークエネルギーのちがいとは？

A まず，ダークマターは宇宙膨張に対して圧力ゼロの物質のようにふるまうが，ダークエネルギーは宇宙を膨張させようとする「負の圧力」をもっている。また，ダークマターは分布に濃淡があるが，ダークエネルギーは空間に一様に分布している。さらに，ダークマターの密度は宇宙が膨張・収縮すれば変化するが，ダークエネルギーの密度は宇宙の膨張・収縮では変化しない，もしくは変化するとしてもゆるやかに変化すると考えられている。

Q 超ひも理論とは何か？

A 超ひも理論（または「超弦理論」）とは，素粒子を"ひも"として考える理論だ。従来の物理学では，素粒子を大きさゼロの「点」としてあつかってきた。しかし超ひも理論では，素粒子は長さ 10^{-35} メートル程度（理論モデルによって値はことなる）のひもだと考える。

バイオリンのような弦楽器は，数本の弦にさまざまな振動をおこさせることで無数の音色をつくりだす。超ひも理論はある意味，それに通じる考え方をもった理論だ。この理論によると，すべての素粒子は極小の同じひもでできていると考える。極小のひもがさまざまに振動すると，私たちにはその振動のちがいが素粒子のちがい（質量や電荷などのちがい）としてみえると考えるのだ。

Q 天文学者の頭を悩ます，宇宙膨張に関する大問題とは？

A 宇宙膨張をめぐって一つの大きな問題がある。宇宙の現在の膨張速度を

あらわす「ハッブル定数」が，みちびく方法によって2通りの値になることだ。ハッブル＝ルメートルの法則は，「$v=H_0×r$」であらわすことができる。v はある銀河が遠ざかる速度，r は天の川銀河からその銀河までの距離，そして H_0 がハッブル定数である。ハッブル定数が大きいほど現在の宇宙が速く膨張していることを意味する。

ハッブル定数を求める方法は主に二つある。一つは，銀河の後退速度と距離を実際に測定してハッブル定数をみちびくやり方だ。もう一つは宇宙背景放射の観測結果を用いる方法である。宇宙背景放射のまだら模様の大きさなどには，宇宙膨張の度合いが反映されており，その観測結果を標準的な宇宙モデルにあてはめることで，宇宙の膨張速度が求まるのだ。しかし，誤差を考慮しても，両者は一致しておらず，これが現在の観測的宇宙論の最大の謎の一つとなっている。

この不一致を引きおこしている原因はいくつか考えられる。一つは，銀河の観測からハッブル定数を求める場合に，銀河の距離に未知の誤差が含まれているという可能性だ。もう一つは，宇宙背景放射からハッブル定数を求める場合に使う標準的な宇宙モデルに何かまちがいがあるという可能性である。もし後者が原因だとすると，私たちがまだ知らない新しい物理がかかわっている可能性がある。この原因を追究することで，物理学自体に新たな進展の道が開けるかもしれないのだ。

「宇宙」について，もっとくわしく知りたい！！
そんなあなたにおすすめの一冊がこちら

Newton別冊

138億年の大宇宙
その姿と全歴史
時間と空間をこえてめぐる宇宙の旅

A4変型判／オールカラー／176ページ　定価1,980円（税込）

好評発売中

Contents

1.「宇」の章
　　～宇宙の広がりをながめる
太陽系を旅する／天の川銀河を旅する／138億光年の彼方へ／宇宙開発の最前線

2.「宙」の章
　　～宇宙の歴史をたどる
宇宙の誕生／天体の誕生／宇宙の未来

別冊の詳しい内容はこちらから！
ご購入はお近くの書店・Webサイト等にてお求めください。

公式SNSでも情報発信中！
フェイスブック　　　www.facebook.com/NewtonScience
X（ツイッター）　　　@Newton_Science
インスタグラム　　　@newton_science

「宇宙の終わり」について，もっとくわしく知りたい！！
そんなあなたにおすすめの一冊がこちら

Newton別冊

宇宙の終わり
誕生から終焉までのビッグヒストリー

無から生まれた宇宙は
無にかえるか　生まれかわるか

A4変型判／オールカラー／176ページ　定価1,980円（税込）

好評発売中

Contents
1. 宇宙の年齢を知る
2. ダイジェスト
   宇宙誕生の最初の1秒間
3. 宇宙誕生の謎にせまる
4. 星々と天体の終わり
5. 宇宙の死と転生

別冊の詳しい内容はこちらから！
ご購入はお近くの書店・Webサイト等
にてお求めください。

公式SNSでも情報発信中！
フェイスブック　　www.facebook.com/NewtonScience
X（ツイッター）　　@Newton_Science
インスタグラム　　@newton_science

Staff

Editorial Management	中村真哉
Cover Design	秋廣翔子
Design Format	村岡志津加（Studio Zucca）
Editorial Staff	上月隆志

Photograph

32-33	NASA
34	Kevin Gill/Flickr ©CC BY 2.0
35	NASA/JPL
49	ESA,university of Warwick/Mark Garlick

Illustration

表紙	Newton Press，飛田 敏
4～19	Newton Press
20	小林 稔
20～27	Newton Press
29～31	Newton Press
36～47	Newton Press
50～69	Newton Press
71	Newton Press
72-73	飛田 敏
74～79	Newton Press
80～83	飛田 敏
84～91	Newton Press

本書は主に，ニュートン別冊『宇宙の終わり 誕生から終焉までのビッグヒストリー』，ニュートン別冊『138億年の大宇宙 その姿と全歴史』の一部記事を抜粋し，大幅に加筆・再編集したものです。

監修者略歴：
横山順一／よこやま・じゅんいち
東京大学国際高等研究所カブリ数物連携宇宙研究機構長・大学院理学系研究科附属ビッグバン宇宙国際研究センター長。理学博士。群馬県生まれ。東京大学大学院理学系研究科物理学専攻博士課程中退。専門は，宇宙論と重力波物理学。著書に，『輪廻する宇宙』『電磁気学』などがある。

図だけでわかる！宇宙の終わり

2025年2月15日発行

発行人	松田洋太郎
編集人	中村真哉
発行所	株式会社 ニュートンプレス
	〒112-0012東京都文京区大塚3-11-6
	https://www.newtonpress.co.jp
	電話 03-5940-2451

© Newton Press 2025　Printed in Japan
ISBN978-4-315-52889-3